びわ湖の畔のニホンミツバチ

マキノの里でともに暮らす日々

尼川タイサク

この本を書いたタイサクさんに聞きました！

Q　なぜ琵琶(びわ)湖の畔に移住したのですか？

A　長く住んだ神戸（兵庫県神戸市）を離れ、琵琶湖北西部のマキノ町（滋賀県高島市）に転居したのは、大学を定年退職した後のこと。豊かな自然が残るマキノ町が気に入りまして。

Q　ミツバチを飼いはじめたきっかけは？

A　琵琶湖畔に移り住んだ時、ニホンミツバチ研究で有名な菅原道夫(すがはらみちお)さん(*)に「そこだったら飼えるよ！」と勧められ、ニホンミツバチの入った巣箱を贈られた。それが“ウィズ・ビー・ライフ”の始まりでした。

Q　ミツバチのいったいどこが面白いのですか？

A　巣箱に棲むミツバチ一家の日ごろの行動（ふるまい）は奥が深くて芸が細かい。高度のコミュニケーション能力をうまく使い、家族同士の連携を生かした「虫らしくない生き方」や時として見せる「人間臭さ」がすごく魅力的。特にニホンミツバチは野生としての独特の生活スタイルがあり、いいなーと思うこともたびたび。７年ほど前にもミツバチのことを書いた本を出しています（『マキノの庭のミツバチの国』西日本出版社、2013年）。今度の本は、季節に応じたニホンミツバチの生活の面を中心に日記として書いています。気楽に読んでもらえれば嬉しいです。

Q　ハエに詳しい「ハエ博士」って本当ですか？

A　大学で環境の中での昆虫の行動（ふるまい）を調べたり教えたりしてきました。主に行動を成り立たせる神経系の仕組みに関心があります。ハエはその味覚器が実験材料として使いやすかった。実験のために30年以上も飼うなど長いつきあいで、「ハエ博士」と言われたこともありました。
私のもともとの専攻は生物学、特にそのうちのニューロバイオロジー（神経生物学）という分野。だから、日記も時には科学者の目があると言われるのも、そんなキャリアのせいでしょうか。

Q　ミツバチを守るグループがあるのですか？

A　高島市で、ミツバチを守り識(し)ることを通して環境を守る市民の集まりができたのが５年ほど前（2015年）のこと。「ミツバチまもり隊」という会です（160ページ参照）。日記を書き始めたのもそこに参加したのがきっかけ。会のホームページでの連載が３年余りも続いた（2016年１月16日～2019年10月１日）。それをまとめたのがこの本です。気の向いたところから読んでみてください。

＊**菅原道夫：**神戸大学理学研究科研究員。理学博士（動物生理・行動学）。主著に『比較ミツバチ学　ニホンミツバチとセイヨウミツバチ』（東海大学出版部 、2015年）

田屋城址から琵琶湖を望む。湖岸の緑地は自宅付近。島は竹生島

ニホンミツバチの巣箱の構造を子供たちに説明する筆者

目　次

この本を書いたタイサクさんに聞きました！

2016

ミツバチの会議は踊る

2017

千鳥足のミツバチ・ダンサー

2018

ミツバチは優れた建築家

2019

ミツバチはどうやって巣に戻れるのか？

読んでくださってありがとう！

2016

2017

2018

2019

写真・イラスト：尼川タイサク

2 0 1 6

1.16 — 5.30

ミツバチの会議は踊る

雪のないマキノの庭の１月

1月16日

雪のないおだやかな正月の日々もあっという間に去った。友人からの年賀状に、「暖冬なのでミツバチにも異変が起きてないですか」と心配してくれるものもあった。我が家の庭にいる１箱のニホンミツバチのことである。たしかに暖冬が行動異常をひき起こしかねないと気になっていたが、今のところ異常は見られない。冬ごもり中のミツバチのプライバシーを失礼して巣箱にある「のぞき窓」からのぞいても、ハチの群れは身を寄せ合っておしゃべり（？）に夢中のようだ。巣箱は３cmほどの厚い板で作られたものなので、耐寒性がある。だが、これから大雪になる恐れがあるので、外壁に発泡スチロール板を貼り付けておいた。

さて、ミツバチたちのお仕事の方は……、冬ごもりへの準備であろうか蜜ロウで出来た巣板を盛んにかじっているようだ。その労働の結果できた粉状の黄色い屑（くず）が巣の底付近に溜まってくる。掃除係だろうか２、３頭のハチが巣門（すもん）（巣箱の出入り口）に常駐し、ダルそうにそれを外へ運び出している。重労働のようなので、私も葦（アシ）の茎を巣門から奥に差し入れ、日々掻（か）き出しを手伝ってやっている（おせっかいだろうか?!）。

好きなミステリードラマ「科捜研の女　正月スペシャル」（テレビ朝日系）で、セイヨウミツバチが麻薬捜査に借り出され、犯人逮捕に決定的な役を果たすシーンがあり、驚いた。だいぶ前からだが、ミツバチの優れた嗅覚を使った地雷探索法などの開発の話があり、アイデアとしてはそう目新しいものではない。そのドラマでも紹介されていたドイツのグループは、実用化に踏み出したようだ（PLOS ONE誌、2015年６月号）。ただし、ドラマの中ではストーリーとして受け入れやすいように、当然ながら単純化がなされている。実際は、嫌がるハチさんたちを学習させるのにかなりの手間がかかると思う。強化合宿が必要かも。

嗅覚に限らず独特の聴覚や視覚により高い認知能力をもつミツバチたちは、地球上の長い時間経過の中で環境の変化にも対応してきたと思われる。急激に進行する今の温暖化について彼女らに何か知恵を授かりたいところだが、聞いてみたところで「それはあなた方の責任です」と突き放されるのが落ちであろう。そんなことを巣箱の傍（はた）で考えている私を尻目に、働きバチたちは淡々と巣箱を出入りしている。

巣箱のニホンミツバチ

大雪警報！ミツバチの暖房行動は？

1月18日

今年（2016年）は暖冬といわれ本格的な雪はまだ見ていなかった。そんな中、1月19日夕方、ほぼ1年ぶりだろうか、大雪警報が発令された。巣箱が気になり裏庭へ出てみて寒さに思わず身を縮めた。雪は3cmほど積もっている。小さい簀子（すのこ）を巣箱の入口に立てかけ、雪がふさがないようにした。

この寒さの中、巣箱内の天然の暖房は順調なのだろうかと気にかかる。このところ盛んにハチが巣板（六角形網目構造）をかじっているらしい。それで生じた巣屑（すくず）が入口に運び出されている。なんのためにという疑問がおこる。それは、ハチが寄り合って大きな蜂球（ほうきゅう）（ハチ玉）を作るのに空間がいるからだと説明されている。その隙間に皆で集まって体の筋肉をブルブル震わせ体温を上げる。てんで勝

ニホンミツバチの巣箱。防寒のため外壁に発泡スチロール板を貼りつけている

ふとん蒸し作戦中のニホンミツバチ。手前のミツバチの塊の中にキイロスズメバチが捕らえられている

手に眠り込んで冬眠というわけにはいかない。そうすれば一家は凍死の憂き目を見ることになろう。この暖房行動で集団の中心部では35°C付近になる。餌として食べた蜂蜜は消化され筋肉を動かすエネルギーになる。だから蜂蜜はミツバチにとってヒーターの大事な燃料と言ってもよい。花蜜を採集できない厳冬を過ごすには燃料の備蓄が大事。働きバチは夏頃から必死に働いて蜜を貯める。私も夏以降の蜂蜜の採取は遠慮してきた。

ハチ玉の熱は巣内の暖房以外にも使われることがある。スズメバチが巣を襲ってきた時、ニホンミツバチはその敵をうまく取り囲み、ボールくらいの玉を作って「ふとん蒸し」にして殺す。この玉の内部温度は46°Cとかなり熱い。秋頃に巣の入口でその戦いを見ることができた。30分ほどの攻防ののち、キイロスズメバチの死体がポイと箱の外に棄てられ、仕事を終えたボールはほどけて巣内に戻って行った。これは国内で進化してきたニホンミツバチの特技といわれる。ミツバチにとって最強・最大の天敵はオオスズメバチだ。セイヨウミツバチは無鉄砲にこれに次々と挑んで殺されてしまうが、ニホンミツバチは巣箱内に隠れて様子をうかがい、隙を見つけては上のような集団作戦を展開する。同じミツバチといっても国民性（ハチ民性？）があって面白い。

ミツバチの会議は踊る

1月27日

大寒も過ぎた日、久しぶりにマキノらしい雪景色になり、冷たい風が吹き荒れた。記録的な寒さとの予報なので、私は巣箱が心配。「箱にホッカホッカ懐炉（かいろ）を貼ってやろうか」などと言っては、「過保護ジャ！」と家族に阻止される始末。幸い数頭の犠牲者が運び出された程度で、巣箱は持ちこたえてくれた。

そんな寒い冬の夜は、気に入った本を炬燵（こたつ）に持ち込んで過ごすのが私のやり方。これまでで最も夢中にさせてくれた冬のお相手の一冊、それはシーリー博士の『HONEYBEE DEMOCRACY』(2010年)という本だ。2013年に日本では『ミツバチの会議　なぜ常に最良の意思決定ができるのか』(片岡夏実訳)というタイトルで築地書館から出版されている。

ミツバチが会議みたいなことをするのを発見したのはリンダウアー博士だった。彼は、ミュンヘン大学構内の木の枝に蜂球（ほうきゅう）ができ、8の字ダンスをするハチをたまたま見つけた。それは戦災の傷跡が生々しい1949年のこと。そのダンサーの体に煤（すす）や赤レンガの粉が付着しているのを彼は見逃さなかった。焼け跡や崩れたレンガ塀にできた隙間、つまり居住空間、を見つけて仲間に報告しているのではとヒラメイタそうだ。よくぞ気がついたものだと感心する。ミツバチ一家の新住居引っ越しでは、複数の住居候補から多数決方式で一つを選定するという合意形成の発見に、この観察がつながっていった。

シーリー博士はそのすごい研究を引き継ぎ、ユニークな実験でさらに発展させた。彼は4000頭ほどのハチの背中に番号シールを貼りつける難行をやり遂げた。それによりミツバチ王国にいち早く「マイナンバー制」を導入し、ミツバチ・アマゾネスたちのプライバシーをビデオカメラで盗撮(?)することができた。こうして新住居候補についての情報交換とフィードバック、最適地選定(いわゆる投票行動)の過程が明かされた。本で私が特に面白いと思ったところは、「ハチから人類が学ぶべき民主主義のレッスン5か条」。

レッスン１：共通の利益を目指し、相互尊重のもと、皆がまとまって意思決定グループに仕上がるよう努力すること
レッスン２：グループの思考にリーダーは影響力の行使を最小限に止めること
レッスン３：問題に対するさまざまの角度からの答を幾通りか用意すること
レッスン４：議論を通じてグループの知識を煮詰めること
レッスン５：団結・正確・迅速のために定足数応答を活用すること

（訳文は引用者）

民主主義に長（た）けているはずの人類、たとえば我が日本の人々、でも合意形成で政府と国民との間の亀裂が顕著になっている。昨秋（2015年）の国会周辺のニュース映像で「デモクラシーってなんだ？　これだ！」と叫ぶSEALDs（シールズ）の若者たちが、ミツバチの群れの様子に重なって見えたことを想い出す。私たちもミツバチに笑われないようにがんばらなくては！

『ミツバチの会議　なぜ常に最良の意思決定ができるのか』と原書『HONEYBEE DEMOCRACY』

ミツバチとのコミュニケーション

1 月30日

少し暖かさを取り戻した冬の昼どき、巣箱の入口あたりに働きバチ５頭ほどがいて、いそいそと巣屑（すくず）を運び出している。そのちょっと楽しげな様子を見ていると、彼女らに話しかけたくなる。しかしどうやって？「えーと。コンチワ。僕、タイサクといいます……」と言ったって分かるまい。まさかお尻を振ってダンスみたいなことをしてみせてもダメだろう。旧約聖書に出てくるソロモン王なら、獣や鳥と話せるという指輪をさっそく着けて試したかも。

1960 年頃だったか、ミツバチとの対話を試みたのは物理学者のエッシュ氏。彼はミツバチの模型を巣の表面で動かすことを始めた。かなりいい線にいったのはデンマークの研究者たち。こちらはよりハチに似せたハチロボットで、カミソリ刃のように薄い金属片で振動する羽根をもつ。真鍮（しんちゅう）棒の先にこれを取り付け８の字ダンスみたいな動きをさせた。それはまさにハチの巣内でのライブ・ステージだった。「変な外人」と思ったかどうかは分からないが、ハチたちはこのダンスを読み取って、研究者らが設定した方角へ大方は飛んでくれた。

もちろん、「ダンス言葉」といわれるミツバチ固有のコミュニケーションの秘密を初めて暴いたのは、フォン・フリッシュ博士。ハチが踊る８の字形のステップの中に、エサ場など目的地をワンポイントで示す「方角と距離」が織り込まれているのを見出（みいだ）した。だいぶ昔のことだが、私がミュンヘン大学の動物学研究所を訪れた時、玄関を入ったところのホールに博士のノーベル賞受賞を記念するブースがあった。そこに、実際に観察に使われたガラス張りのポータブル巣箱や実験用具、著作などが展示されていた（写真）。

しかしほんとにどの程度ミツバチはダンス暗号を解読して行動しているのだろうか。それをフォローしたのはドイツのメンツェル博士たち。なんと特殊なレーダーを使ってハチの航跡を追いかけた。この時、ハチは背中に発信器を背負わされていた。約 500m 四方の野原を使っての大掛かりな実験では、大半のハチが巣箱での仲間のダンス指示通りに、指定地点へ直行し到着していた。これにより、フリッシュ説の証明は確固としたものになった。

もっと精巧な飛べるミツバチロボットがハーバード大学などで試作されている。将来は絶滅に瀕（ひん）したミツバチに代わって花の授粉に役立たせるという。だが、それでいいのだろうか？　私は、おしゃべり好きで花蜜（かみつ）を運ぶ本物のハチさんたちと共存共栄で暮らしたい。まずは絶滅へと追い込まれつつあるといわれるミツバチを守ることが先。

ミュンヘン大学動物学研究所の玄関ホールに展示されたフリッシュ博士の実験道具や著作など（1989年７月、筆者撮影）

人間臭いミツバチたち

2月1日

人は、時として会議好きだったり、ニコチン中毒、あるいはストレスでうつ病になったりすることもある。それがミツバチにもあるかもしれないというと意外に思われるだろうか。

ミツバチの会議のことはすでに書いた(14ページ)。ミツバチが社会的生き物としてコミュニケーションに熱心なのは無理ないことだ。異なる新住居候補地を探してきた探索バチ同士が、自分の物件(?)を宣伝して熱心にダンスで対抗するのは珍しくない。それが過熱すると、ライバルのダンサーを軽くつつく行為に及ぶ……ピューッというけん制音とともに。このことは、前に紹介したシーリー博士たちが科学誌「Science」(2012年)に発表している。

タバコ好きの人がニコチン中毒に陥るのは、禁煙思想の進んだ今日でもなくなってはいない。ところが、ミツバチもニコチンと悩ましい関係に陥っている。化学的にはニコチン系に属する殺虫剤ネオニコチノイドが、世界的なミツバチ減少の主な要因の一つといわれて久しい。こともあろうに、その新農薬にミツバチが惹(ひ)かれる傾向があることが報告されて、私もだが多くの人が驚かされた(Nature誌、2015年)。それまでは、ミツバチは農薬を感知して避けるという楽観的な見方もあったからだ。先の研究では、残念ながら逆に惹かれて毒を摂取してしまうという結果が出た。脳神経が依存症みたいな影響を受けるのだろうか。

犬や猫を飼っていれば彼らが感情をもつと感じる人が多い。だが昆虫であるミツバチが感情をもつとは想像もできないことだった。2011年に行われたミツバチの学習に関するある実験では、興味深い結果が出た。その実験は、薄い甘味と濃い甘味の2種の糖液を、それぞれに付けた違う臭いをもとに飲むか飲まないか判断させるというものだったが、ゆるい床振動も加えられた。その振動自体はハチには無害の刺激だが、天敵スズメバチなどが物をかじるときの振動に似ていてストレス源になる。普段ならうまく応答できるハチであっても、振動ストレスがかかった場合、本当はちょっと飲んでみてもよいのにためらうという「悲観的予測」をする傾向があった。さらにその時のハチの脳内分泌物を調べてみると、ドーパミンなど３種の神経伝達物質の分泌が軒並み減少していた。これはヒトのうつ病時の現象に似ている。

他にミツバチには、過労死タイプや逆に怠け者がいるとか昔の姥（うば）捨てみたいなこと（死に際になったら自ら巣を出る）など、いろいろ人間臭い面があるといわれる。だからだろうか？　庭のミツバチたちは今や我がよき友だ。

久しぶりの越冬隊、がんばって！

2 月11日

2月の中旬、気温 10℃を超えて暖かい日が現れるようになった。懐かしいような土の臭いを風が運ぶ。梅の花も一分咲き、近くの道ばたには早くもムスカリにタンポポが点々と花ひらき、季節の祝宴への先触れを思わせる。こんな時、庭の巣箱のあたりが急ににぎやかになった。その巣箱にいわゆる「時騒ぎ」(*) が起こり、箱に向かって十数頭がホバリングしながら飛んでいた（写真）。冬ごもりでの運動不足を解消しているような感じだ。巣箱の周りに保温のために貼った白い板に、黄色いシミが点々と数十か所もある。これはハチのウンチだ。時騒ぎは外勤見習いさんの飛行訓練だと普通は言われるが、冬場は脱糞（だっぷん）のためという色気のない説もある。でも、この騒ぎは私にはとても感動的な光景だ。実はミツバチの巣箱がこの庭で冬を迎えることができたのは４年ぶり、久しぶりの越冬隊だ。この巣箱の一家は、昨年（2015 年）の６月に湖の向こうからもらわれてきて、そのまま居ついてくれた。

以前は、当地マキノ町にもニホンミツバチの巣箱をよく見かけたのだが、ここ数年、貸家（巣箱）の店子（たなこ）がいなくなり、今や大家さんをしているところはウチ以外にない！というありさま。去年の春だったか、近くのレンゲ畑や満開の桜のあたりを探してみたがニホンミツバチの影はなし。ラジコン・ヘリで水田に撒（ま）かれたミスト状の農薬（ネオニコチノイド系）のせいなのか病気なのか分からないが、相次ぐミツバチの群れの消滅がおきた。その度に、「もう飼うまい」と決意した。が、また春には巣箱の用意をしてしまう。ある年は巣門（すもん）（巣箱の出入り口）に次々と蛆（うじ）を出した群れがあり、やがて次世代の働き手が減って消滅に至った。本来なら花蜜（かみつ）や花粉を集めて飛び回る働きバチたちが、けっこう大きな蛆を抱えてヨタヨタと遠くに運び去ろうとするのを見ていると、哀れで胸がいたむ。病的な蛆を巣から運び出すのは、糞を巣外でするのと同じく、衛生上のことらしい。

この異郷に嫁入りしてきた巣箱の衆も、夏頃の分蜂（ぶんぽう）（巣別れ）のあとで新女王の出現が怪しくなり、心配したことがあった。ひところは働きバチが１頭も姿を見せず、あきらめて箱の入口をテープでふさいだ。だが翌日、テープの一部が破られているのを見て、もしかして居るのではと竹ヒゴで巣箱の入口から底面を浚(さら)ってみた。すると、そのヒゴに絡みついて鉄棒逆上がりのような姿勢のものも含め10頭ほどがずるずると引き出されてきた。さらに30頭ほど外へ顔を出してきたのには、思わず歓声をあげてしまった。

絶滅を免れて冬に至ることができたのはなぜだろう？　ここ２年のことだが近接の一部の水田に限ってヘリによる農薬散布が控えられたこと、ハチの健康増進のつもりで乳酸菌液の散布を試みたこと、あるいは、もともと強い群れだからここまでもったのかもしれないなど、いろいろ考えてみるが分からないでいる。

＊**時騒ぎ**：巣箱に向かい10数頭ほどがホバリングしながら飛んだり、あたりを探るように飛びまわったりする現象で、短時間内に終わる。若バチの飛行訓練だといわれる。

巣箱の前でホバリングするミツバチたち

ミツバチ、空を見る

2 月20日

急に冷え込んだ夜の間に15cmほど雪が積もった。しかし翌日は一転して暖かくなり、早くも働きバチが花粉を運び込むのが見られた。だが、春の天気は変わりやすい。みるみる一群の雲が青空を端から食いつくしていく時もある。だが、働きバチはそれでも動じず仕事を続けていた。

ミツバチは、空に見える太陽の方向を基準にして方角を知ることができる。これは「太陽コンパス（羅針盤）」といわれるナビゲーションの一種だ。しかし、太陽が隠れている場合でも、また陽の落ちた後でも、青空が一部分でも見えれば、そこからくる光（偏光）の情報をもとに方角が分かる（「偏光コンパス」といわれることがある）。人の世界でも、この偏光を読み取る装置が航空機の方位探知用の補助装置として利用されている。

日本晴れのように雲一つない大空を見上げるのは気持ちが良いものだ。そんな時、私たちの目に見える空は青一色だが、ミツバチたち昆虫の多くはもっと複雑な空模様（偏光の模様）を熱心に読みとっている。その情報を読んで方角を知ることに生活が懸かっている動物には、ミツバチのような昆虫のほかにタコ、魚に鳥など100種ほどがいる。残念ながら人間は偏光の世界を認知する点では落ちこぼれの部類に入る。ミツバチが見る壮大な天空模様はどのようなものか。想像をたくましくするよりほかはない。ただ、ある種のフィルム（偏光板という）を通して見ることで、偏光のもつ角度情報を知ることはできる（写真）。

最近ではソーラーパネルの設置が盛んになり、マキノの私の家の近所にもあちらこちらに建てられている。この大きな光る建造物による環境変化は、ミツバチに何らかの影響を与えないだろうか？　都会の巨大ビルには壁面が鏡のようになっているのがある。それほどピカピカではないにしても、手持ちの偏光板でパネル群を見てみると、やはりそこから空を映してしっかりと偏光が出ているのが分かる。ミツバチ達もこれにはちょっと当惑するのではないか。もしも彼女らにインタビューすることができたら、「紛らわしくなって大迷惑ですわ」とか言うのかもしれない。

円形の偏光板を回して偏光の角度を知る

ミツバチ同士の鉢(はち)合わせ？

2月25日

晴れた日の朝、働きバチが3頭ほど巣の入口で器用に巣屑(すくず)を外へ出していた。羽を震わせ屑を飛ばす。不十分だと思ったのか、さらに近寄って後ろ向きになって風を起こし遠くに吹きやる。午後になって、気温が上がり14℃を超えると、働きバチたちは今度は巣箱と餌場を頻繁に行きかい、空中にできた「見えない大通り」がラッシュ時みたいになってきた。

それを見て思い立ち、巣箱付近でのニホンミツバチの飛行速度をビデオ記録から割り出してみた。すると概算で毎秒6m程度で飛ぶことが分かった。往きのハチと帰りのハチ同士が真っ向から鉢合わせしそうになると、お互いの接近する速度は足し算して毎秒12m（時速42km）ほどになる。これはすごいスピードだ。心配性の身としては、もし正面衝突でもしたら種々のセンサーの詰まったアンテナや複眼が傷つくのではと気になる。どうやって衝突を避けているのだろうか？仮に3m向こうに秒速12mで接近してくるハチを認めたとして、衝突回避に羽の舵をいじる時間的余裕は4分の1秒（3÷12）、つまり0.25秒とわずか。この短い時間内に相手の位置確認と方向調整をしているとしたら、それはすごい能力だ。

暗闇を自由に飛びまわるコウモリは、超音波を発しソナーみたいにあたりを知ることができる能力を備えている。それを発見した米国のグリフィン博士によると、ごくたまにではあるが、コウモリ同士での正面衝突があるという。ソナーを備え高度の脳神経系をもっていても、空間記憶に頼るあまり油断から失敗するとのこと（D.R.グリフィン著、桑原万寿太郎訳『動物に心があるか　心的体験の進化的連続性』岩波現代選書、1979年）。

コウモリほどではないが、ミツバチにも頭の中に出来た「記憶の地図」を頼って飛行することがあると報告されている（PNAS誌、2005年）。ということで、庭のミツバチの巣箱の横に座り込んで、衝突事故らしいものがないかと観察してみた。まだひどい混雑はないが、春が早く来すぎて寝ボケ眼で飛んでいるハチもいるかもしれないと憶測したからだ。しかしニアミスすら目撃できなかった。ひとまず安心。

ミツバチは飛行能力だけでなく識別・記憶・学習など高いレベルの行動もやはり脳神経中枢によって支えられている。心配なことは、農薬のほか家庭用としても広く使われるようになったネオニコ系殺虫剤が、信じられないほど微量であってもミツバチの脳の神経機構に害作用を及ぼすことが分かってきたことである。死に至らないまでも、空間記憶を失い巣に戻れない働きバチ（ボケミツバチ？）が増えるとコロニーの消滅につながるとの研究報告もある。ミツバチは有史以前から人類との付き合いが深く、優れた能力をもつ友人ともいえる。そのミツバチが、人の所業のとばっちりで衰退しかねない現状は、私にはとても気がかりだ。

脇見運転は危険です！

庭先にも「メリー・スプリング」

3月1日

朝、巣箱入口で掃除中の働きバチを見ていると、蜜ロウでできた巣屑（すくず）のかけらのほかに白い粒をたまに出すようになった。それぞれ1mm以下と小粒だが触ると堅い。2週間ほど前からそれを目にするようになり気になっていた。この白い粒をピンセットで取り上げて顕微鏡で拡大して観察すると、表面がキラキラしていて一見すると石のかけらのもののように見える（上の写真）。いったいこれは何なのか。手っ取り早い化学検知器（つまり我が舌の先）で舐めてみたら「ブドウ糖」みたいな甘味が感じられ糖類のようだ。働きバチたちが外勤（ふつうは20日くらい）で稼いでくる花蜜の総量は、1頭あたり小サジ1杯分に満たないほどのわずかな量だ。苦労して集めた貴重な甘い食料をなぜ出すのか、いぶかしく思った。

巣箱の外に排出された白い塊

思いをめぐらしているうちに、巣内に貯めておいた蜂蜜の一部が冬の低温にさらされて結晶化したのだろうという考えにたどり着いた。蜂蜜が含む主な糖類はショ糖、果糖、ブドウ糖だが、その中でブドウ糖は特に析出（せきしゅつ）（結晶化）しやすい。たとえ結晶になってもミツバチの出す唾液でゆっくり溶かすことができるはず。だが、花蜜が十分に手に入るようになった今の時期、それは面倒で時間の無駄になることかもしれない。おそらく邪魔な屑ものにすぎないので排出しているのだろう。巣の中でハチたちは、花粉と蜜の大量貯蔵とこれからとても忙しくなる育児用の部屋を増築するため、リフォームの突貫工事にかかっているのかもしれない。

午後になり暖かくなる頃には、50頭ほどが巣の入口や近くではしゃぐような「時騒ぎ」をやっている（下の写真）。見るからにたどたどしい飛び方を見せるのは若バチの群れのようだ。しかしともかくも、この冬を巣箱の一家はよくぞ生き残って待望の春を迎えてくれた。おもわず「おめでとーさん……！」と言いたくなる。「沈黙の……」ではなくてブンブンと聞こえる「にぎやかな春」（メリー・スプリング）がいよいよ到来したのだ。

巣門付近で活発な動きを見せるニホンミツバチ

巣別れの蜂群（ほうぐん）をキャッチ（その１）

４月22日

蜂飼いにとって悩ましい季節が今年もやってきた。庭のミツバチに春の分蜂（ぶんぽう）が起きるのは、いつも５月の始め、ゴールデンウィークの頃だったが、今年は１週間早かった。この日、朝にはまだ小雨が残ったが、午後２時過ぎに巣門（すもん）（巣箱の出入り口）がにぎやかに。初めは、いつものように多数の若バチが巣の前で飛行訓練をする「時騒ぎ」かと思ったが、さらにハチたちの動きが激しくなり、巣門付近に群れが凝集し、内側からも次々と押し出してくる。湧き出すと言った方がいいか。

私は、これぞ待望の分蜂の到来かとばかり、分蜂群の捕獲グッズ一式を引き出して準備をした。このグッズは、ワラ帽子に網をかけた「面布（めんぷ）」というもの、厚手の手袋、白い長そでのシャツ、そして捕獲用に改造したポリごみ袋などからなる。

やがて空中に飛び出てくるものが数知れず。先駆けのハチなのか、それぞれが勝手に「止まり木」を探すようにあちこち飛びまわる動きがまず見てとれた。それが群れ全体に波及したかのように広がって、裏庭と隣の庭をカバーする範囲に及んだ。ウヮーン、ワーン、とにぎやかな音もする。

同じ町の蜂飼い（ハチ友とでも言っておこうか）の二人に助っ人として来てもらった。その間にも隣の家の庭木のあたりにハチの密度が高くなり、そのうち杏子（アンズ）の木に集合場を得たのか、人の肩の高さほどある枝の一部にコブができ、みるみる膨らむように見える。つい先ほどのカオスというか混沌とした状態から、今や一つの終着点に向かって群れが収束していくのがいかにも不思議なことに思える。集合フェロモンなどシグナルが発せられているのだろうか、あたりにうろつくハチたちも次第にこのコブに吸引されていき、やがて女王バチも鎮座したのか塊（蜂球（ほうきゅう））は落ち着きを見せた（写真）。

お隣の家は留守だが待ち箱の一つを以前から置かしてもらっており、立ち入りも認めてもらっていたので、早速に捕獲作戦開始。ハチ友二人がポリ袋にハチの塊ごと落とし込み、持っていった空の巣箱に振り落してフタをした。夜になって、巣箱をそっと我が裏庭に移動させ、興奮の一日が終わった。

分蜂で巣箱を飛び出し 杏子(アンズ)の木の枝に集合して塊(蜂球)を作ったミツバチの群れ

巣別れの蜂群(ほうぐん)をキャッチ（その2）

4 月25日

普通、分蜂(ぶんぽう)は1回で済むものではない。「巣別れ」あるいは「のれん分け」といっても、ミツバチの場合は、まず母親女王バチが約半数の働きバチを従えて出ていき、娘女王バチが古巣を引き継ぐ。しかし、次の女王候補（次女）が揺りかごである王台から出てきそうになると、先に生まれた女王（長女）は、かなりの数の手勢を引き連れて巣から出ていく（第2分蜂）。巣箱の政権（？）は次女に移る。働きバチの数や貯蔵蜂蜜などに余裕があればさらに第3分蜂、第4分蜂と続くそうだ。

3日後の晴れた日の朝11時に、元の巣箱で2回目の分蜂（第2分蜂）が始まった。蜂球(ほうきゅう)（ハチ玉）がまたも隣の家の庭木にできた。この前と同じ杏子(アンズ)だが、蜂球はすこし高いところにある。同じ木の少し離れた枝に二つの塊ができたが、20分もしないうちに一つにまとまった。定住できる新住処が決まるまでは、偵察バチが集めた情報を基に蜂球内で選定が進み、多数決みたいにして最終の候補地がしぼられるといわれる。その待機時間が2日というふうに長い時もあれば、30分程度のこともある。

この分蜂の様子を電話で知らせて、湖の向こうの多賀町にいるハチ友ベテラン二人に駆けつけてもらった。その間にハチが目的地に旅立たないかと、ジリジリして気をもんだ。そのうち、1時間半ほどかけて必殺捕獲人（？）らが車で到着した。間もなく枝に憩う蜂球は彼らの手におち、無事巣箱の中へ確保された（写真）。

その捕獲されたハチの群れは巣箱ごと湖の向こうへ持ち帰ってもらった。もともと我が家の庭のニホンミツバチは、去年の初夏に湖の対岸の地から分与していただいたものであった。そこの多賀町や彦根市あたりは、聞くところによると、昨秋、ニホンミツバチ絶滅の悲劇に襲われたらしい。主な原因は寄生ダニによる感染の蔓延らしい。そういう事情なので、この第2分蜂群は元の地へお返しすることに前から決めていた。それでめでたく里帰りが実現することになった。

無事に分蜂群を巣箱に収めた

分蜂群にみごと逃げられた（その１）

４月28日

２回目の分蜂のことは前回に書いたが、その分蜂の最中に、１回目の分蜂で捕まえて巣箱に収まっていた蜂群が、なにかの影響を受けたのか、巣門（巣箱の出入り口）のあたりに数百頭の群れで出てきていた。この動きは一時的で、やがて落ち着いたように見えた。しかし翌日の朝から、その箱でのハチの出入りがおかしい。入口にスーッと入っていかないで、内側をうかがうようなそぶりが目立つようになり心配だった。

ついに出入りがごくわずかになったところで点検のために巣箱を開けたところ、ハチが１頭もいない空っぽの状態。ただ、箱の内側の天板の真ん中に、作りかけのきれいな巣板が１枚残されていた。それは小判のような楕円形で、上端は天板の中央に固定されそのまま下方に垂れ下がっていた。ちょっと見るとウエハースの菓子みたい。その素材の蜜ロウは働きバチが自ら分泌しこねあげたものだろう。全体はシート状の美しいハニカム構造（六角形が連なった蜂の巣の作り）になっている（写真）。

そのそれぞれの小さな六角形の巣穴（蜂の子も入るので巣房という）の中に、プロペラのような三ツ星がのぞいている。これは、裏側に表と同じように作られたシートの六角形の一部（頂点付近）が透けて見えていることによる。つまりそれぞれの巣房は底部に三つ叉（Ｙ字型）の支えをもつ構造になっている。このように、幾何学的に精巧に、また力学的にも強度をもって作られているのには驚嘆させられる。ハチたちはたった３日でここまで作ったのだ。ところで、このパターンは、高級車メルセデス・ベンツのボディに輝くエンブレム（スリーポインテッド・スター）を想い出させる（もっとも、エンブレムのほうは外周が六角形ではなくて円になっているが）。

確保したはずの分蜂群とのあっけない別れに呆然としてしまったが、気を取り直してこの精巧な「建築物」をカメラに収めた。もし逃げずに巣作りを続けてくれたなら、小判が団扇(うちわ)くらいにまで大きくなり、また、両隣にも同じように巣板が重なって作られ、最後には 10 枚並びの立派な巣が出来ていたかもしれない。それをフォローできずに終わったのは残念。

しばらくはこの「逃去(とうきょ)」(*) のことが頭から離れなかった。いつの間に群れごと出たのだろうか。夜逃げしたというのも考えにくい。ひょっとしたら、前日に起きた 2 回目分蜂の騒ぎが刺激になり、便乗して出て行ったのかもしれない。双方の巣箱をごく近くに置いたのが失敗だったのか？

＊逃去：餌場の減少、天敵による度重なる襲撃などで、コロニー全体で巣を捨てて他所に逃げること。

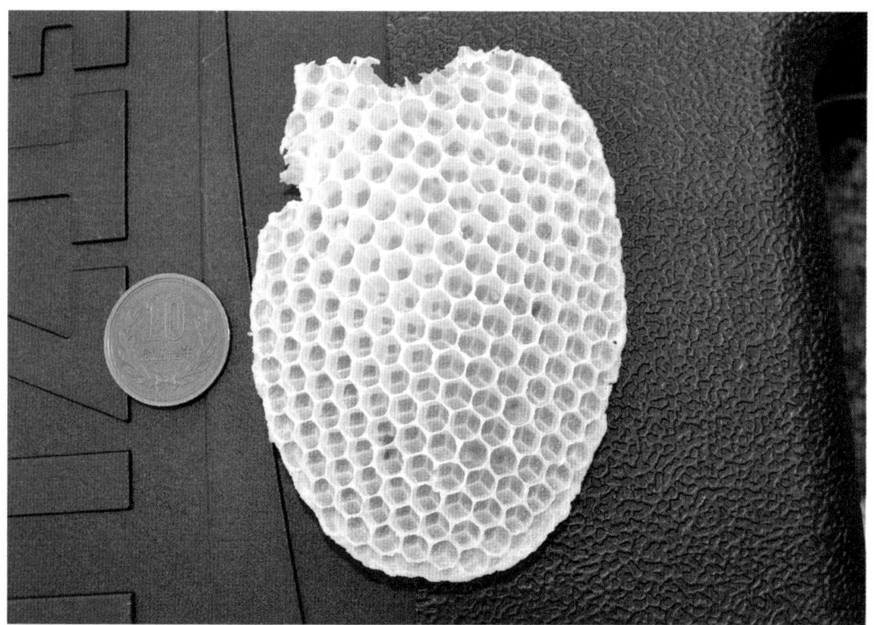

逃げたミツバチたちが残した作りかけの巣板

分蜂群(ぶんぽうぐん)にみごと逃げられた（その2）

4 月30日

3回目の分蜂の群れを何とかしてキャッチしようと、チャンス到来を待った。初回の分蜂から1週間近く経った今日、朝から良い天気、気温も少しずつ上がって分蜂日和になってきたので、庭先にイスを出し監視を続けた。すると午後2時頃に、またも巣箱からハチが湧き出して分蜂開始。飛び出したハチたちは、当面の引っ越し資金として蜂蜜をそれぞれたっぷり持ち出している。蜂蜜は代謝でハチたちのエネルギー源になるが、その一方、体内で巣の建築素材の蜜ロウなどにも作り変えられる。

巣箱から飛び出してきた働きバチの一頭が、腹に蜂蜜を詰めすぎたのか、ヨタヨタ飛んできて私の肩にチョコンと止まって休んでいった。ミツバチ嬢に肩を貸してやったのはこれで何度目になるだろうか。分蜂開始から10分ほど後には、庭の松の木の高所に仮の宿り（蜂球(ほうきゅう)）が作られ鎮まった。止まった枝まで10 mほどの高さがあり、悔しいがちょっと手が出ない。

夕方近くになり、このまま木の上で一夜を過ごすのだろうかと見守っていたら、4時半頃に蜂球の外側が少しほぐれるようになり、次第に周りを飛び回るハチが増えた（写真）。蜂球は5分もしないうちに崩れて散り散りになりながらも、流れる霧のように移動し、近くの山の方に向かって飛び去った。ばらばらの無秩序のようでいながら全体としてみごとにまとまって素早く移動していった。あまりの手際よい集団行動に脱帽。虫ながら、たいしたものだ！

実は、前日あたりから、松の木の下に置いた待ち箱（分蜂群捕獲のための空の巣箱）への探索バチの訪問がしばしば目撃されていたので、ひょっとして群れがそこに入ってくれるかと淡い期待を抱いた。が、結局は空振りだった。探索バチが我が庭のこのとびきり上等の住宅物件（個人の感想です！）の査定に来たものの、元の巣に近すぎて「落選」となったのかもしれない。かなり期待していた客が冷やかしだと分かった時の不動産店主の気持ちをつい想像してしまった。

今春の分蜂捕獲作戦は１勝２敗の結果に終わった。しかし、冬越しした元の巣箱から出て行ったハチの群れの量を試みに概算してみると、総体積で10L分くらい（そして女王３頭）にもなるだろう。逃がしたのは残念な気もするが、難関の冬を乗り越えて、このマキノの地に健康な群れを新たに送り出すことができたのだと思うと、気持ちも幾分か安らいだ。

蜂球がほぐれだした。この後、ニホンミツバチの群れは雲のようにまとまって飛び去った

ニホンミツバチの大敵アカリンダニ

5 月10日

滋賀県の各地で、寄生ダニによるとみられるニホンミツバチのコロニー(個体群)の絶滅が去年から盛んに起きている。私の庭のミツバチの群れは元気そのもので異常は認められないが、念のため自分の手で調べてみることにした。

ネットにあった検査方法に従って計10頭を解剖し手持ちの顕微鏡で調べてみた。健康なハチの気管は、空気がスムーズに通れるように内側に何もなく、らせん形のスプリングのような管状で、内部は透き通ったようにきれいに見える。検体9頭については、気管がきれいであり異様なものを発見できなかったが、残り1頭は気管の内側が黒ずんで汚く見え、ダニみたいなもの3匹が見つかった。やはり隠れていたのかと愕然(がくぜん)とした。感染したハチがある程度巣箱に潜んでいる可能性があるので、警戒を強めることにした。

その後、同じ市内でニホンミツバチを飼っている方が、調べてほしいと10頭ほどミツバチを届けてきた。そこも少し前に分蜂(ぶんぽう)が起こり新コロニーを得たと聞いていた。その巣箱の周りに点々とハチの死骸が多数散乱し、生きているのはあたりを徘徊しているとのこと。翅(はね)がKの字の形をしているかどうかは聞きそびれたが、まさにアカリンダニの症状といわれるものに一致する。そのうちの5頭の体をそれぞれ切開して顕微鏡で調べてみた。探すまでもなく5頭すべての胸部の気管にアカリンダニがいた。あるミツバチの太い気管の内には、成虫や幼虫に加えて卵がぎっしり詰まったところもあった。

幾分かグロテスクだがメタボでちょっとユーモラスな感じのダニ成虫のお姿を、ワンショットでモノにした(写真、スケールの最少の目盛は10μm〈マイクロメートル〉に相当)。なかなかのエイリアンぶりだ。その体長が1mmの10分の1(100μm)くらいだからいかにも小さい。これがミツバチの気管の中にもぐりこみ、体液を吸い取り、交尾までして、卵もそこに溜めるという。ミツバチにとっては超迷惑な「ミクロの侵略者」ということになる。ヒトでいえば肺炎を起こし呼吸困難になるようなもの。そうなると飛行運動も、また体温を上げる筋肉の激しい活動もできなくなる。冬にコロニーの絶滅が多いのは、呼吸が制限されて保温ができず、そのあげく凍死に到ると考えられている。

アカリンダニは外国から入ってきたとされているが、具体的には分かっていないらしい。最近の滋賀県でのミツバチ死滅の下手人はこのアカリンダニかもしれない。だが、農薬ネオニコチノイドに曝露したミツバチでは免疫機能が低下し、ダニやウイルスへの抵抗力が落ちるというイタリアでの実験結果が発表されており、その辺の解明も待たれる。

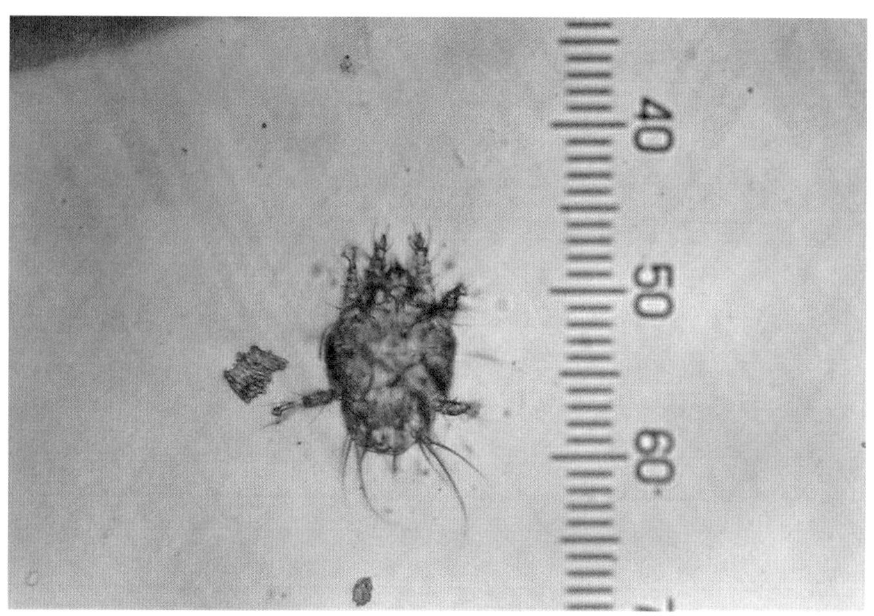

ミツバチに寄生するアカリンダニ。体長0.1 mm ほど（2016年5月、筆者撮影の顕微鏡写真）

アカリンダニ対策　巣箱のモデルチェンジ、ついでに採蜜

5 月22日

巣箱上部の簾子に貼られたメッシュ。ここにメントールの袋を置く

日曜日の朝、琵琶湖の対岸に住むベテラン蜂飼いの井上さんたち二人が来てくれた。少し前のことだが、寄生ダニのことが気になって我が庭の巣箱のミツバチを捕まえて顕微鏡で調べてみた。すると１頭の体の呼吸器（気管）に数匹のアカリンダニが寄生しているのが見つかった。近年、この寄生ダニが長野県や山梨県、当地滋賀県など各地でニホンミツバチの群れを次々と絶滅させ問題になっている。それで、何らかの手を打とうとこの二人に救援をお願いしていた。今日は、巣箱の天板と底部をアカリンダニ脅威に対応したニューモデルに取り換えることにした。木製のパーツはいずれも井上さんの労作。

まず、重箱型巣箱の底部を取り換えた。新しい底部には蝶番で扉がつけられ、そこを開けると巣屑などを楽に掃除できるし、手鏡を入れて下から巣の様子も観察できる。次に、今の重箱型巣箱４段を３段に切り詰めることにした。巣箱最上部には、網を張った簀子の部屋が新たに加えられた（上の写真）。ここに薄荷（メントール）の入った紙袋を置いて、上に天板をかぶせれば完成。メントールの臭いがダニを牽制してくれるといわれている。ただし、今のところ被害の兆候は出てないので、しばらくは様子を見るということにし、今回はその薬剤を入れるのは見送った。これでアカリンダニへの対応らしき準備が一応できたことになりちょっと安心した。

ついでに、取り去る１段分の箱枠から採蜜することになった。手順は、まず重箱最上段と次段の箱枠の隙間に釣り糸みたいな針金をさし入れて、反対側に引き切り、箱の中の蜜ロウで出来た巣の部分を輪切りにする。最上段の箱枠を取り出すと、内側には重なり合った巣板９枚のきれいな断面が見られた（左下の写真）。その面を見ると蜂蜜の入り具合がよく分かる。空き部屋が目立つのは、少し前に３回も分蜂（ぶんぽう）したばかりなので、貯蔵していた蜂蜜が働きバチによって持ち出されたのかもしれない。

蜂蜜の採取は、箱枠から巣板を切り出し、金ザルにリード紙を敷いたものの上に小片に割って置いておく（右下の写真）。巣板から蜂蜜が自然に少しずつリード紙で濾（こ）されて、下の容器にたまっていくのを待つという気長なやり方だ。この季節だと、１日半ぐらいで完了する。今回の蜂蜜は、粘性があった去年に比べ少しさらっとしている。滋賀県各地の巣箱の絶滅が伝えられる中、我が庭のミツバチたちは何とか冬を越し生き延びてくれた。そのミツバチたちがくれた貴重な蜂蜜は、一サジすくって口に含むと、ニホンミツバチ独特の心地よい香りと、酸味がかった強い甘味がしみじみと伝わってきた。

巣箱の最上部の箱枠を取り出した。9枚の巣板の断面と蜂蜜が見える

巣板を切り出して金ザルに移す

働きバチはよく眠る

5 月30日

昼間、花蜜や花粉を探して飛び回る働き者のミツバチは夜も寝ないという話をよく聞く。だが、働きバチについていえば、実は夜にはよく眠るらしい。あたりが暗くなると巣箱の出入りがなくなり、静かになる。のぞき窓から見ていると、たしかにじっとしているものが多いが、体を動かしたり、触角を動かしたりするものもいる。

ミツバチははたして眠るのだろうかと、いろんな人が研究をしてきた。ガラス張りの巣箱での暗視カメラ(赤外線を使い暗闇でも見える)による観察では、真夜中でも働いているハチがいるそうだ。それは主に内勤をする若いハチたちで、巣作りや外勤のミツバチが集めてきた花蜜の濃縮、室温維持、子育てなどにあたっている。

ところで、眠るのと休むのとを区別できるのだろうか。人の場合は、意識を無くした睡眠状態の脳を脳波計でもって調べることができる。睡眠状態には段階があるが、それは脳波のアルファ波の減少やデルタ波の出現の割合などで判定されている。ミツバチ(この場合はセイヨウミツバチ)を調べるのに脳波をとるのはむずかしいので、ミツバチの脳の視覚に関与する神経細胞にごく細い電極をあてて、神経の電気的活動状態をモニターした研究がある。それによると、夜が更けるにつれ神経の活動が弱まり、真夜中には最低のレベルに落ち着く。朝になると再び活動がしだいに盛んになる。

働きバチの首の筋肉にも針状の電極をあてて筋肉の活動をモニターする方法(筋電図法)もとられている。人の場合でも、オトガイ(あご)筋電図が睡眠の深さを見るのに使われている。ミツバチでも夜になるにつれ首の筋肉の緊張がゆるくなりやがてがっくりと頭を垂れるという(まるで人みたいだ！)。また、腹部も腹這い状態になり、触角の立て方も変わり次第にだらしなく垂れさがるとか。

若バチは熟年のハチとは異なって、サーカジアンリズム(概日リズム、活動周期がほぼ24時間）がまだ確立していない。眠り方のちがう若バチと熟年バチでうまく役割分担しているのだろう。だから、昼間に大活躍して今や眠りこけている外勤姉さんたちにかわって、若バチたちが巣箱不夜城のなかで夜勤につく。むろん２、3時間ほど働いて疲れたら適当に短時間の休みをとる。

昨年の夏のことだが、夜12時を過ぎて私がそろそろ眠ろうかと思った時、窓ガラスに1頭のミツバチの訪問客があった。ジリジリと音をさせながら盛んに飛び回っていた。今頃なんだろう、えらく宵っ張りなハチだと思って見たことが2、3日続けてあった。今思うに、あれは若手のミツバチが近くの巣箱からやってきたのかもしれない。そういえば飛び方もたどたどしかった。

働きバチのイメージ壊れるかも（特定のモデルはありません）

ニホンミツバチとセイヨウミツバチ

日本国内に生息するミツバチは２種で、ニホンミツバチとセイヨウミツバチがいる。国産蜂蜜のほとんどは養蜂家の飼うセイヨウミツバチから得られている。このミツバチは明治の頃に欧州から導入され、養蜂業も産業として定着した。しかし他に日本には、古代からの在来種であるニホンミツバチがいる。これはアジアに広く分布するトウヨウミツバチの１亜種だ（「亜種」は、分類学上は「種」の１ランク下に位置する）。今はセイヨウミツバチに押されて数が少なくなり、ひところは絶滅が危惧されていた。だが、野外にしっかり生息しつづけていて、花粉媒介では植生や農業に大きな貢献をしている。セイヨウミツバチとは形の上で見分けがつきにくいが、やや小型で体色が黒っぽいのと腹部の縞（しま）模様がくっきりした線になっているのが特徴。倍率の高いルーペがあれば、羽の脈の模様の違いから判別できる。

このニホンミツバチはおとなしくてめったに人を刺さず飼いやすい。ただし、やや神経質な点があり群れごと逃げる「逃去（とうきょ）」を起こしやすいのが難点だ。そのハチの巣から得られる蜂蜜は、昭和初期頃までは甘味料というより漢方薬として珍重されてきた。蜂蜜の量はセイヨウミツバチに比べて３分の１程度と少ないが、香りや味は濃厚で美味である。最近では趣味でニホンミツバチを飼う愛好家も増えてきたようだ。

2 0 1 7

5.17 — 12.18

千鳥足のミツバチ・ダンサー

蘭の花（キンリョウヘン）がミツバチを呼んだ（その１）

５月17日

５月らしい晴天。朝９時半頃、前庭の隅に置いたキンリョウヘン（金稜辺）の鉢とその傍の空箱のあたりを、３頭ほどハチが飛びまわっているのに気付いた。たしかにニホンミツバチだ。ついには箱の中に入っていくものもいた。分蜂（巣別れ）後の新居候補地を偵察中なのか。そのうち居なくなったと思ったら新たに１、２頭飛来するものがある。南西の方向から来ているように見える。そのようなことが２時間ほど続いた。

キンリョウヘンは小さな花をたくさんつける。その花の一つ一つは、犬があくびをする時に思いっきり出した舌のような唇弁が目立つ。花蜜はないが花外蜜腺（花以外のところで蜜が分泌される）を持つ。しかしミツバチはそれを使わない。花粉は塊でハチの背中にくっつくのでこれもダメ。なんとも喰えない蘭だ！　キンリョウヘンがニホンミツバチをどのようにして集めるのだろうか。それにはどんな意味があるのだろうか？　その点について詳しく書かれた本（*）があったのを思い出して読み直した。この分野の最先端を行く研究者によるスリリングで面白い記述と写真が満載されている。独創的な実験方法も極めて興味深く感じられた。なんとキンリョウヘンは「集合フェロモンもどき」を出してハチを呼び寄せる戦略をとっているらしい。

キンリョウヘンに惹かれてやってきたハチたちがひょっとしてここに定住するのかと期待をもって、巣門（巣箱の出入り口）をハチが見つけやすいように蜜ロウを出入り口近くに塗りつけてやった。午後１時頃になると飛来数が増え15頭ほどが出入り口付近を興奮気味（？）に飛び回り、内に入ったり出てきたり。３時頃までは出入りがあったが、夕方には退去したとみえ静かになった。新居の決定はダンスによる多数決原理で決まるといわれているので、我が庭の箱は投票で敗れたのかとあきらめムードになった。

ところが翌日、居ないと思っていたのに、放置した空き巣箱の巣門のあたりで

鉢植えのキンリョウヘンの花房に集まって黒い塊になったニホンミツバチ

ミツバチ数頭が動くのが見えた。午後2時半頃には「時騒ぎ」みたいににぎやかになった。女王が到着したのだろうか？　こんなことは初めてで、貴重な機会とばかり動画も撮りまくる。実際に女王がいるかどうかは分からなかったが、このまま居ついてほしい！と思った。

この日の午後、さらに驚きが続いた。隣のK家の庭に置かせてもらっている巣箱を見回りに行くと、箱のそばに置いた鉢植えのキンリョウヘンの花房がたわわになるほどにニホンミツバチが群がっているではないか。「ミツバチ一家の集合写真（？）」を本などで見たことはあったが実際に目のあたりにしたのは初めて（写真）。数は500くらいであまり多くはない。

この塊はやがて巣箱の壁面に移動した。巣箱の門に行く気配がないのが妙に思えた。というのも、我が家の前庭の巣箱に入った群れは、キンリョウヘンにも関心を示していたが、すぐ近くの巣箱の門にも臆した様子もなく偵察に入ったりしていたからだ。ガイドのために蜜ロウと蜂蜜を混ぜたものを巣門付近に塗りつけたところ、30分ほどしてそれに惹かれるものが現れ、日が落ちる頃には、ほとんどのハチが順次巣箱の中に入っていった。実際にこの目で見て改めてキンリョウヘンの威力に驚いた。また、めったに出会わない自然界の妙技に感動！

＊**詳しく書かれた本**：菅原道夫『比較ミツバチ学　ニホンミツバチとセイヨウミツバチ』東海大学出版部、2015年

蘭(ラン)の花（キンリョウヘン）がミツバチを呼んだ（その２）

5 月19日

翌日、前庭の箱への新入り集団はだいぶ落ち着いたようにみえる。働きバチが黄色の花粉を運び込むのが度々見られるようになったので、女王が産卵を開始したらしい。花蜜(かみつ)とちがってタンパク質を多く含む花粉は産卵のためには欠くことのできない糧である。ということでまずは一安心。ところが、隣家Ｋさんの庭の巣箱ではもう出入りがなく、中は空っぽ。もともと小さな集団だったから逃げたのかもしれない。

マキノ町の内でニホンミツバチ飼育をやる人がほとんどいなくなっている。最近まで飼っていたがもうやめたという人もいる。タンポポ、菜の花、桜、ツツジと、季節の花の主役はどんどん変わり行く日々だが、ミツバチ自体を花の中に見出す機会がほとんどなくなった。今年は去年よりいっそうひどく思えたし、土地の人たちもそのような感想を口にしていた。しかし、ひと月前のことだが、数頭の小勢ながら我が家のわずかなビワやサクランボの花に来て花蜜を採っているのを目にしたことがあった。動き回るミツバチを見るのは本当に久々のこと。そのハチの帰る方向を見定めようと木の下に立ち尽くしたおかげで、彼女らはほぼ西の方向を目指して帰り、また逆にそちらから新手が来るのが分かった。これは勘みたいなものだが、近くの廃屋のある一帯が怪しげに思えた。実際、その家のそばに、こぼれ種から広がった狭い菜の花畑の中に、ニホンミツバチを見ることがしばしばあったから。近くに隠れ住むハチたちの群れから、分蜂(ぶんぽう)になって来てくれたのでは、と勝手な想像を広げた。

キンリョウヘンと菅原道夫(すがはらみちお)さん

ニホンミツバチの群れを惹きつける蘭の一種キンリョウヘンは、以前から愛好家の間ではよく知られていた。分蜂群がこの蘭の花に集まったところを一挙に捕獲するのだ。菅原道夫さんは、このランとニホンミツバチとの珍しい特異な関係（セイヨウミツバチは惹かれない）に関心をもって研究を続けてきた。その結果、キンリョウヘンの花にあるニホンミツバチの誘引物質を特定することができた。さらにそれがローヤルゼリーに含まれる成分であることも見出している。

菅原さんは一方で、ニホンミツバチがオオスズメバチなどに対抗し、集団で取り囲んで熱で殺す「ふとん蒸し」行動についても検討を加えている。従来いわれてきたミツバチの出す体熱のほかに、炭酸ガス濃度（さらに湿度）がこの行動の重要な因子であることを論文発表し、2009年には世界的に有名な学術誌「Nature」に紹介されるなどで国際的にもその名が知られるようになった。その一連の生理・生態学的研究の成果が評価され、神戸大学から理学博士号を授与されている。

筆者は、菅原さんが大阪の府立高校の生物教諭でいた頃に知り合い、ニホンミツバチのことではいろいろ教えていただいた。ミツバチ飼育では師匠といってよい方であった。これからのいっそうの活躍が期待される方だったが、大変残念なことに今年2020年の４月に亡くなられた。ガンということであった。

王国の落城

5 月 31 日

44 ページに書いたように、キンリョウヘンを脇に置いておいた前庭の箱にミツバチが自発的に入ってくれて、大歓迎で受け入れたのは、忘れもしない 5 月 17 日だった。だが、早くも 2 週間たたないうちに、不幸の影が訪れてきた。飛び方の妙な働きバチがいる。よく見ると K ウイング（羽が 4 枚に開いて K の字に似た形）のものもいる。その内、巣箱の前に降りて徘徊するものが 2、3 頭。これはアカリンダニにやられたのかもしれないと思って焦る。2、3 日前には見られなかった現象だ。急にこんなことになったのか。早速に徘徊バチを数頭捕まえ冷凍 30 分の後、顕微鏡で見ながら開胸検査。胸部左右に 1 対ある太さが約 0.1mm の気管の内にアカリンダニが潜んでいるのを見出した。調べたハチはどれもそんな有様だ。気管の中が汚れ黒ずんでおり産みつけられた卵までもあるので、年季の入った感染のようだ。

さらに巣箱の内の様子を見るため、前扉を開けて携帯を突っ込んで動画を撮影した。箱中央に白く巣板が見える。ハチの数がかなり減っているように思えた。ダニを抑えるメントールを効かすには遅すぎたのかも。コロニーが我が家に飛来する前、元の巣にいる時にすでにダニ感染が進んでいたのかもしれない。しかしそれでもまだ外から戻ってくるハチがいて、この群れは細々と命をつないでいるようである。

終末を迎えつつある巣箱からよろめくように飛び出した働きバチは、それでも力を振りしぼり仲間を養う花蜜を求めて飛ぶつもりなのか。いや、本能に突き動かされながら行動しているだけなのか、と想いをめぐらす。疲れ切った様子で帰ってきたハチにも「よく戻ってきた。君の最後のフライトか」と声をかけたくなり、過度の感情移入に気づいて苦笑してしまう。私も立派に（？）老人になってからは、能力（ちから）衰えたものへの共感をもちやすくなった。

しかし、ついに王国の終わりを確認する時が来た。巣箱を開けると、80 ほどの死体と 30 ほどの頼りなげなワーカーを残し、王国は見る影もなかった。わずかに掌(てのひら)ほどの2枚の巣板が、栄華の名残をとどめていた(写真)。多数の巣房(巣を構成する六角形の小部屋、差し渡しが5mm ほど)に貯められていたはずの蜜はすべて吸い出された跡がある。働き手が蜜を運べなくなり、多くの残留バチが餓死したのであろう。蜜を求めてか、巣房に頭を突っ込んだまま死んでいるハチもいた。8匹ほどの幼虫が巣房に残されているのも見てとれたが、女王の姿は確認できなかった。

さて、このように気落ちする悲劇的な結末だったが、ミツバチ日記はこれにて終わりということにはならない。次は裏庭に居を構える別のミツバチ一家について、その動向に目を向けることに。

絶滅前までに巣箱天板に作られていた巣板2枚

空を掃く朝

6月2日

朝、庭に出ると箒(ほうき)を持ち出して、地面を掃くのではなくて空を掃くことが日課になった。というのも、5月中頃からミツバチの群れが我が庭に住むようになったからである。勤勉な働きバチが朝の仕事に出かけようとする時、まさにそのコース上に、見えないワナが仕掛けられている。クモの仕業だ。クモの糸については、極細でも鋼鉄よりも強い(断面積あたりで耐える力を測ると)という実験がなされている。その見えない強力なワナが、木立や建物、物干しなどを利用して至るところの空間に仕掛けられている。ミツバチを保護する立場からするとさすがにこれはまずい。そこで、私の朝一番の仕事のひとつは箒で家の周りの空を掃きまくって、邪悪な意図を未然にくじくことだ(クモさん、ごめんサーイ!)。もう一つの仕事は、テレビの今日の天気予報をミツバチに代わって調べること。

先日、滅亡に至った巣箱の群れ(キンリョウヘン・グループと名付けておこう)のことを記した。だがその一方で活発に勢力を増しつつある一群れが身近にいることを無視するわけにはいかない。それはキンリョウヘン・グループがやって来る数日前のことだったが、琵琶湖対岸の地に住むハチ友の井上さんらが、ニホンミツバチの一群れの住む巣箱1個を、それまでハチ空白地だった我が家に持ち込んでくださった。その群れのルーツは山梨県から移入したものだそうだ。アカリンダニの寄生に強い群れで、手作りの巣箱(写真)もその地の技術導入がなされている、と井上さんは言う。こうして、新手の一家が裏庭に住み着くことになった。

この巣箱は木製の重箱型2段組みで、正面下部の横板には高さ7mmほどの入口(巣門)があり、この板全体は端を蝶番で止められており、扉のように開閉できるので、掃除や中の巣板の観察に便利である。横板中央には鉛筆が通りそうな大きさの丸い穴が開けられている。この穴の意味が不明だが、見ているとハチがけっこう楽しそう(?)にここを潜り抜けている。さらなる工夫として、巣箱の底板部分だけでも引き出して掃除できるようになっている。天井にはスノコ状の隔離板の上に樹脂の網が敷かれ、そこに紙にくるまれた薄荷(ハッカ)（メントール）の結晶が10gほど置かれている。これはアカリンダニを抑制するためのもの。一番上に板のフタが置かれるが、そこにも一部に網が貼られ、通気がしやすいようになっている。小さな隠し窓が2段目の箱枠に取り付けられているので、内側の巣の様子をのぞきみることができて便利だ。

巣箱が運び込まれた時は、分蜂群捕獲の時から20日経過しているということであったが、いまや巣板も大きく、先端が底に達しそうになり、もう1段の木枠を入れて増設したのは最近のこと。ついでに台座も入れ替えた。一人では難しかったが、幸いにもミツバチまもり隊の隊長小織さんに助っ人に来てもらえた。これらのパーツは井上さんがあらかじめ用意してくれていたので、取り替え作業がスムーズに運んだ。ということで現在は3段の箱になっている。この一家はすごく活発で勢いよく増えているので、先が楽しみである。

裏庭の重箱式巣箱

地震とニホンミツバチの危機管理能力

6月9日

庭に咲いたクローバーの花に、ニホンミツバチが来て蜜を吸い取っては次の花へと飛んでいく（写真）。見ていると癒される光景だ。大地はのどかで平和だと思いたくなる。だが、先日行ったある地震学者の講演会で、琵琶湖西岸断層帯が活動する時は巨大地震が襲ってくるとのこと。後で質問したら、「お宅（高島市）も次の候補地のひとつになってます」とのご託宣をいただいた。

過去の世界各地での大地震の際に、いろんな動物がパニックになり騒いだなどの記録が多数ある。昆虫では、ゴキブリ、カイコ、アリのほか常連としてミツバチが名を連ねる。地震に先立って、真冬なのに巣箱からミツバチが急に逃げ出したといった例が多い。以前、私は神戸にいて阪神・淡路大震災を経験した。それからもう20年以上経つが、その大災害のことは脳裏に刻まれている。当時出版された体験報告集には、ミツバチが1月の寒い中にもかかわらず突然現れ、翌日に大地震が来たという記載があった。

ミツバチは体内に、地磁気に応じる磁鉄鉱の顆粒を持つことが証明されていて、ミツバチのナビゲーション（航行術）との関連がいわれて久しいが、まだはっきりしていない。しかし地震前段階で起こるとされる電磁気環境の異常があれば、ミツバチたちは気づいてくれるかもしれない。「その時は真っ先に私に知らせてね」と巣箱に向かって語りかけても、無邪気に飛び立つ外勤バチからは何の反応もない（あたりまえ！）。

ミツバチの一家族が群れ丸ごとで逃げる（逃去（とうきょ）、33ページ註参照）ことがある。特に、ちょっとしたことでも逃去が起こりがちなのはニホンミツバチ。ただしセイヨウミツバチは養蜂家によるケアーに慣れていて、定住性があるといわれる。「逃げるのはニホンミツバチ本来の姿」とは飼育ベテランの言葉。数千から万の群れの持つ特性が危機管理に生かされている面がある。巣箱にできた不都合な隙間をふさぐのは人海（蜂海？）戦術で朝飯前。スズメバチの襲来に対しては、まるで球場のプロ野球応援のウェーブみたいな動きをすることも（振身行動という）。強敵オオスズメバチに対しては、身を隠しスキを見てボール状に相手を包み込み熱死させる特技もある。

ミツバチは一妻多夫制をとり、多数の父親から由来する多様な遺伝子をもつ働きバチを数多く生み出し、その様々の個性ある持ち駒で危機に対応する。だから何もしない怠け者と見える者も実は予備軍として待機しているのかも。そしていざとなれば「逃げるが勝ち」の生き方をとってきたニホンミツバチは、危機の段階・程度にうまく対応した体制と回復能力をもつ。だが、旧来の危機管理術の限界もある。遺伝子に納まるプログラムにまだ未登録の外来種ダニ・ウイルスや、無味無臭の新規農薬（例えばネオニコチノイド系）、そして地球温暖化などに対しては、十分な備えが出来ていないということだろうか。

庭のクローバーに来て採蜜中のニホンミツバチ

甘味のシグナルはリズムにのって

6月12日

“なぞなぞ”みたいに「これナーンだ」と尋ねながら1枚の写真を示す（次ページ上の写真）。なかなか当ててもらえないのは無理もない、これはニホンミツバチの味覚器の中を走るリズム、つまり神経信号を一瞬とらえたものだから。まさに甘さに関する情報を脳に伝えているところ。砂糖水を口ひげの毛（味覚毛）につけてやるとこれが生じる。

ミツバチの素早い身のこなし、ちゃんと巣に戻る能力、高い学習能力、それにコミュニケーション力、これらの能力がただの昆虫に備わっていることが信じがたいように思える。だが、ミツバチの体に精巧な神経のネットワークが張り巡らされ、複雑で迅速な情報処理がなされていることを知れば、なんとなくうなずける。神経の働きを見るのはそう簡単なことではないが、ミツバチなどの毛状の味覚器については、割に簡単だ。少し技術的な表現も入れて次に書いてみた。

体の中に配置された神経細胞（ニューロン）は、イオンを含む水とタンパク質と油脂膜などからなる。味覚毛の中の甘味細胞（これは神経細胞でもある）は、甘さ（味覚強度）に応じてイオン（つまり電気）の波を発し、神経繊維を通じて脳に送り出すのが役目。

ニホンミツバチの外葉（口ひげ）に多数ある味覚毛の先端に、ガラス毛細管に入れた砂糖水（例えば7％）をつける（次ページ下の写真）。すると、毛の内に来ている甘味細胞に、パルス状の電気波が発生し神経繊維に沿って伝わっていく。このガラス管は電極の役も兼ねるので、その波を拾ってモニターに送り映像を見ることができる。私のように湖畔の隠居室の住人にとって、やれることには限りがある。主要なパーツであるAD変換機はネットで買った。毛細管は細いガラス管を炎にかざして手引きで作った。次に、アンプとAD変換機を接続する。さらに釣鐘状に編んだ金網をノイズ除けとして自分の頭から、記録セットも含めて、すっぽりかぶる。そうすると、写真のような波形が取れる。1か月の苦闘のあと成功したのは7年前のこと。

上の写真のデータは、0.1秒の短い時間に発生しているクシの歯状の波(電圧のパルス波)を示している。本来はスムーズな波なのだが細かいギザギザが付いて見えるのはちょっと残念(変換機が安物のせい)。この短い時間の間に7発のパルス波が見て取れる。1秒当たりに換算すると70発なので、周波数70Hz(ヘルツ)と言い換えてもいい。この数値だと液がかなり甘いことを知らせている。もっと砂糖水の濃度を上げていくと、波の出方はより密になり、スピーカーで音にして聞くと「ビー」という甲高い音(ダジャレじゃなくて)に近づく。塩水をつけた場合は塩味細胞が働き、別の回線を通じてパルス波を脳に伝え、塩味を知らせる。このように外の世界の味物質の種類と濃さが、ミツバチの感覚器で電気波の出方(周波数)に翻訳され、脳がそれを読んで味情報を知ることになる。そういうふうにミツバチたちの活動の舞台裏をのぞき見て、さらに想像を広げるのも楽しい。

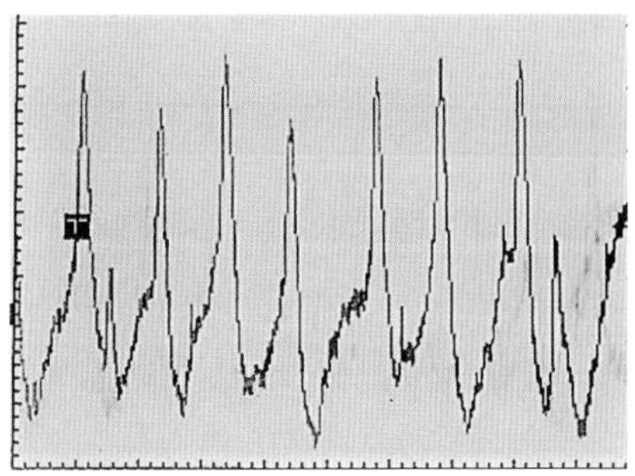

甘味信号(ニホンミツバチ味覚毛からの電気的記録。筆者撮影)

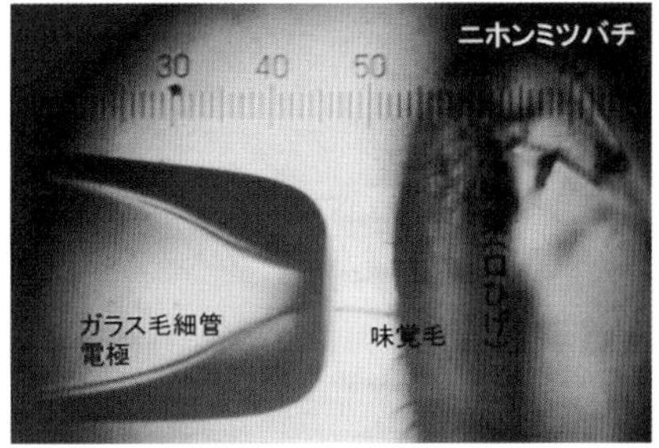

味覚毛の先端に砂糖水をつけ甘味信号をキャッチ(筆者撮影の顕微鏡写真)

ミツバチの信号化システムと脳での処理システムは重金属や農薬など薬物の影響を受けやすい、大変に精巧なシステムである。つまりそれを言いたくてここまで書いてきた。

夏分蜂(なつぶんぽう)起こる

7月2日

思えば前日の昼に見た巣箱前でのにぎやかで激しい「時騒ぎ」(21ページ註参照)は、今日のための特訓だったのかもしれない。庭にある巣箱は、今年の5月初めに捕らえられた分蜂群(巣別れをした群れ)だった。それが夏になってさらに分蜂(*)することが予想されていた。まさにその夏分蜂が起きた。

朝8時過ぎに妻Yが台所の窓越しに飛び回るミツバチの群れを見て警報を発した。その時はすでに松の木の高いところ付近を、ばらけたハチの無数の群れが煙のように立ち上り拡散しさまよっていた。ハチたちは、やがて7mほどの高いところにある松の木の枝に急速に集まって塊(蜂球)をつくり、羽音の合唱が止んであたりに静けさが戻ってきた。この高さだと私の力量での分蜂群回収はほぼ絶望的。しかし庭師にしてミツバチまもり隊隊長の小織(さおり)さんに電話してみると、早速、長い梯子(はしご)をもって駆けつけてくれた。

「初めての経験ですけど」などと言いつつ、彼は庭師らしい慣れた足取りで梯子を登って、ゴミ用ポリ袋に蜂球を落とし込んで回収し(写真)、庭に用意した空き巣箱に取り込んでくれた。それに先立ち、蜂球の宿った枝から突き出た邪魔な小枝をうまくカットし、取りやすくしていたが、その際に、ミツバチに指をやられたという。「ハチに刺されて死ぬのなら本望」と言いながら、毒針を抜きとり吸引器で傷口を吸った後、軟膏を塗っていた。

しかし、このような犠牲を伴った我らの最初のアタックは、どうも女王を取り逃がしたみたい。女王が入っていれば、巣箱の入口テラスに出た働きバチ数頭が、尻を上げて未着の仲間の呼び込みをするのが見られるはず。だが、一向にその様子がなく、むしろ元いた枝の方に飛んで出ていくのが目立つ。そして、蜂球が付いていた枝のあたりが、こんもりとしたふくらみを取り戻してきた。

そこで第2次アタック隊出動となるが、木登り本職(?)の小織(さおり)さんは仕事で帰ってしまっていた。と言っても私とYだけしかいない。ついに私が梯子に上り回収にあたることに。2階くらいの高さのところなので、気が進まない。落下して脊髄損傷、寝たきり老人直行、などと沸き起こるマイナス・イメージトレーニングを振り切っての強行。最近ではハチのことになると特に熱心な我が連れ合いは、今回の緊急事態でハイの状態に。「梯子の下を押さえておくから」というＹのランランとした眼（まなこ）に追い立てられるようにして、１段また１段とゆっくり登って行った。蜂球近くに来て手を伸ばすと、さすがに体のバランスがとりにくい。深呼吸の後、何とか足を踏ん張って、袋の中に蜂球を一挙に落とし込む。ドサッという音とともに手応えを感じた。口を閉じて地上まで降ろして、騒がしい虜囚たちのいる巣箱にふたたび押し込む。今度はうまく女王がかかったと見え、巣箱玄関口での呼び込みが見られ、一方、元の枝から塊が次第に小さくなってついに消えた。

松の枝に出来た蜂球の捕獲に向かう小織さん

分蜂群は元の家族と餌場を争うのを避ける傾向があると聞く。そこで遠くに移すことにした。譲渡希望を申し出られたマキノのあるお宅を嫁入り先に選定。その地は山際でハチを飼うには良さそうな環境のところ。封印した巣箱を送っていき、やや寂しい気持ちを抑えつつ、セッティングを見守った。

＊**夏分蜂**：春の分蜂で生じた群れから6、7月の頃にさらに起こる分蜂。孫分蜂ともいう。

ネオニコ殺虫剤が思いがけない「昆虫の避妊」に手を貸すかも

6月11日

昆虫が避妊をするというのは妙かもしれない（まったくないとは言い切れないが）。ただ、今回の表題は、ある論文の表題をもってきたもので、ちょっと皮肉っぽい言い回しかもしれない。ハチの生殖異常のことは後でとりあげるが、まずは我が庭の巣箱の近況から始めましょう。

巣箱ののぞき窓を開いて内側を見ると、たまたま育児域が真正面に見え、ちょうど次々と羽化してきているミツバチが見えるところであった（写真、手前のガラス板に若いハチが白い腹をみせて止まっている。その向こう全面に張り出しているのが巣板）。巣房がところどころ空（から）で穴のように見えるが、まだ中に納まってうごめくものもある。空になった巣房はこの後きれいに掃除され、順次、蜜や花粉の貯蔵ツボとして利用される。下方はまだキャップ（フタ）がされたままで羽化はこれからというところ。なにはともあれ、順調に増えてコロニーが大きくなっているのは喜ばしい。

さて雄バチの生殖のことだが、昨年、気になる報告が出された。スイスなどの研究者らは、2種のネオニコチノイドがオスのセイヨウミツバチの生殖能力を有意に（統計学的に意味のある範囲で）弱めることを示した（英国王立協会紀要B、2016年）。その実験では、20のコロニー（家族集団）に、それぞれ毎日100gのペースト状の花粉が50日間与えられた。実験群には、信じられないほど微量つまり4.5ppb（ppbは10億分の1の量を示す）のネオニコチノイド系農薬が花粉に添加され、一方の無処理群は無添加であった。コロニーから取り出された若い雄バチは、性的に成熟するまで実験室のカゴで飼われた（世話係としての働きバチと一緒に！）。この実験は慎重に計画されていて、この農薬添加量は、野外の花粉などに一般にみられるネオニコチノイド汚染濃度に相当していることを、精密分析で確認している。従来のこの種の薬害研究への批判として、非現実的な高い濃度を与えているというのがあったが、その点に配慮している。

巣箱の側板に設けられた観察窓から見た巣板。丸い穴は若バチが羽化して出た後の空洞

羽化してきた雄バチについて調べると、寿命とさらにそれがもつ精子の質において差があるということだった。寿命が短い分だけ生殖のチャンスが減る。また生存精子を調べた結果は、実験群では39％も減少していた。この研究の結果は、ネオニコチノイド殺虫剤が昆虫雄の生殖能力に負の影響を与えうることを初めて示したものという。ミツバチ女王の生殖失敗や野生の昆虫送粉者の減少に一つの説明を付け加えたかも。

「広範なネオニコチノイドの使用が意図せぬ避妊効果を対象外昆虫に与えてきたことを以前から見逃し、それゆえ保全の努力を削いでしまっていたのかもしれない。」との研究者としての反省・警告の言葉が論文に付けられていた。

ネオニコチノイドに起因するとみられるオスの生殖能力の減退は、単に昆虫だけでなく鳥類（神戸大学での研究）やネズミとマウスなどについても、これに似た結果の報告がある。人類に近い哺乳類にも影響があることは大いに注目されるべきだ。かつて環境ホルモンの関連で人の精子の減少が心配されたことがあった。当時の話では、今後も時間をかけて研究しないと確定的なことは言えないということだったが、結果は出たのだろうか。

酷暑と闘うミツバチたち

7月12日

梅雨が明けて全国的に暑い日が続き、ところにより気温37°Cを超えたと報じられるこの頃である。湖畔にあって幾分か暑さをしのげるこの地であるが、庭のニホンミツバチはどうしているかといつも気になる。スズメバチを囲んで熱死させる「ふとん蒸し作戦」がやれるほどの能力ある働きバチは、高温(例えば46°Cにものぼる)にめっぽう強いが、そうはいっても30分くらいの短時間での話。もちろん、巣房に収まる幼虫の生育には、高温は不適である。そのため、巣箱全体や少なくとも育児域だけは冷やす工夫がハチ自身の努力によりなされている。

先日、巣箱の中の様子を見ようとして前扉をそっと開けると、100頭にのぼる働きバチが中の床一面に散開し、頭をこちらに向けほぼ等間隔に並んで羽を動かしているところだった。「失礼しましたっ！」と言ってすぐに扉を閉め戻したが、騒ぎにはならなかった。外のテラスにいる連中が送り込んだ風を、さらに巣の奥から上方へ送り出している中継の役をしているようだ。このように集団で羽を動かし風を送る組織的行動は「扇風行動」といわれ、養蜂家の扱うセイヨウミツバチもこれをやる。風を送る時の体の向きがニホンミツバチは巣の外を向いている(写真)。ところがセイヨウミツバチはこれと真逆に、頭を巣の入口に向けて風を起こし、巣箱内の熱気を排出させている。外に臭いを出して天敵スズメバチを誘うのを恐れたニホンミツバチは、風が外に向かないようにしていると聞いたことがある。

暑さがひどい時は、水を運んで蒸発させ気化熱で涼しくしているとよく言われているが、これについて私は現場をまだ見たことがない。この方法は湿度の低い時は有効と思われるが、梅雨時のような高温多湿の時はどのくらい意味があるものなのだろうか。

暑い日、巣内に風を送る働きバチたち

水はどこから誰が運ぶのか？　水汲み役は割と固定的だといわれる。ある実験によると、あたりに水場のない地域に巣箱を移動させて、水場と餌場（糖液を置く）を人工的に設けた。その実験の結果は、セイヨウミツバチの外勤バチの内、１％程度が水汲み屋になり、専門業者のような固定した役割を果たすことが分かったとか。そのハチが巣に戻って口移しで荷下ろし屋（散水者）に水を渡すと、受け取ったハチが育児域などで水滴を広げて蒸散さすという仕組み。もちろん、水はそのような温度調節のほか、普段も蜜の調整（幼虫に与える蜂蜜は薄める）にも使われる。

他の避暑法として、私の「ハチ友」から聞いて教わったのは、冷凍庫で凍らせた保冷剤（アイスノン）２枚を天板に置くという方法。30℃を超える猛暑の日にはこれを試みている。実際の効果のほどは分からないが、今のところ不都合なことはない。アルミフォイルなどの反射板を巣箱に貼って赤外線を跳ね返すということも考えたことがあったが、ギラギラ光る巣箱の外観がミツバチの機嫌を損ねるかもと思い不採択。決定的にスマートかつ有効な手がないのが残念。

ネオニコ散布ヘリがやってきた

8月2日

朝6時過ぎ、バリバリという音とともにラジコン・ヘリが農薬散布に来た。地域の農業組合から配布のチラシには、米作りに重要なのでご協力をと記されていた。稲の害虫カメムシなどの駆除が主な目的らしい。しかし、最近明らかになってきているネオニコ系農薬が抱える問題点には一切触れられていない。

「ミツバチまもり隊」の活動も3年に及び、その成果も出始めた。高島市に申し入れていた散布予告放送が実現した。先のチラシに養蜂家への注意書きが載ったのも前にはなかったこと。私の庭に隣接する水田2面については、ここ3年ほどだが、持ち主のご厚意でネオニコを撒かないところまで進んでいる。

散布では風向きが気になる。今朝は北からの風なので、これはまずい。もろに我が家と巣箱に向いてくる。過去にも、散布の後にミツバチの調子が悪くなりコロニー絶滅に至った経験をしているので神経質になる。巣箱を他に移すことを考えたが、ニホンミツバチの巣の本体をなす蜜ロウは熱に弱く、気温の高い時に動かすと巣が落下（巣落ち）する恐れがあり、とりやめた。せめてもの処置として、散布空間を飛んで被曝（ひばく）するのを避けるため、金網を巣門にあてて巣箱の出入りを止めた。

ラジコン・ヘリで散布されるのは殺虫剤スタークル（ネオニコ系）と殺菌剤ビームエイトの混合液。スタークルの濃度は原液の8倍希釈。地上での通常の散布だと250～1000倍希釈だから、すごい濃厚液だ。それがヘリの両脇に取り付けられたタンクから下方に噴射され、一部は霧状になりドリフト（浮遊物）として滞留したり周辺に拡散したりする。さらに、殺菌剤と殺虫剤の混合液は相乗効果が出て、特にハチには悪いという大変気になる報告を読んだことがあった。

ヘリ散布はおよそ50分の作業で終わった。いつものことだが、ヘリからの散布でドリフトが残るのが当面は案じられる。この散布作業の間にも、田のすぐ近くのホテルには散歩の人影があり、その裏の浜辺はキャンプや湖水浴の人たちが

人家の近くで農薬殺虫剤を散布するラジコン・ヘリ

たむろしている。人家の近くもお構いなしの散布にはハラハラさせられる(写真)。

私の次の悩みはジレンマからのもの。つまり巣箱の鎖国をいつ解くかで悩んだ。巣門締め切りで巣箱の外に締め出されていたミツバチ数十頭が落ち着かない様子。門番バチが、盛んにチェックしに来てつきまとう。箱の内の大勢も不満(?)を抱いているのかも。穏やかでない雰囲気を感じてしまう。たとえ私が説明を試み、「外の花蜜は毒饅頭なのかもしれない(ちょっと古い表現!)。しばらく待ってネ」と言ったとしても分かってはもらえないのがつらい。

8時過ぎ、我が連れ合いの「それはミツバチ虐待じゃ」という一声に、ついに門戸開放へと動いた。虐待と言われると、私も弱い。風もすこし吹いてきてドリフトをいくらか押し流したようなので決断。巣門から遮蔽物を取り除いてやると、待ちかねたように働きバチが次々と出てきて、少なくとも見かけはさわやかそうな青空に向かって飛んで行った。

散布により稲などの作物に浸透し、葉から出る水や花粉に潜んで効力を長く維持するのがネオニコ殺虫剤だ。たとえ当面のドリフトを逃れたとしても、その魔手を逃れきれるとは限らない。晴れぬ思いで彼女らを見送った。

稲の花の咲く頃

8月7日

米の花を見たのは初めてだった。散歩の途中、青々とした水田の稲穂にふと目をやった時、白い点のようなものがちらほら見えた。これが米の花というものか！　写真を撮るためカメラを取りに家に戻った。引き返した時、その花はすでに閉じられていた。他の穂を探すと、あった、あった（写真）。籾からはみ出て見える白いのが雄蕊。ひょっとしてミツバチが来ているかとあたりを見回したが、残念ながら見つけられなかった。

米の花は昆虫の助けの要らない風媒花で、7月下旬から8月初旬にかけて開花する。開花と言っても花弁はなく、籾のカプセルから雄蕊の数本がこぼれ出て見える。雌蕊はちょっと分かりにくい。これらが見えるのはほんの2時間程度。花の命は短いといわれるが、米の場合は一瞬と言ってもいいほど。しかし、雄蕊からまき散らされた花粉が雌蕊につかまり受精すれば、花としてはお仕事完了。

米作りの歴史は害虫との闘いの歴史でもあるといわれる。ホソカメムシはせっかく実った穂の米粒を吸う害虫で、吸われた米粒は変色し斑点米と呼ばれる。0.2% 以上の被害があると米全体の品質低下とみなされ、経済価値も下がる。化学防除の進んだ現在では、出穂時期に合わせて、ホソカメムシを退治するためにネオニコ系殺虫剤が水田に散布される。

稲穂を目当てに来るのは害虫ばかりではない。先ほどの花粉を集めるのがミツバチ。夏の時期は頼りの花が不足しがち。しかし稲の花からは、花蜜は出ないがタンパク源として花粉が収穫できる。ある研究者がミツバチの持ち帰った花粉を調べたところ、そのうちの多くが米の花粉に由来していたという（*）。貴重な餌である花粉の中に、浸透性そして残留性の高い殺虫剤が含まれている場合があることを、ミツバチは知らない。

ウチのハチたちは今どんな花粉を運んでいるのだろうかと気になった。働きバチがせっかく持ち帰った花粉であるが、「悪い、悪いナ」といいながら、後肢の花粉バスケットから団子状にパックされたものを横取りして調べてみた。実際に顕微鏡で観察してみると、花粉それぞれは丸いボール状で、小さな口のような穴が一つ付いているのが見えた。それは米の花粉資料集の写真そのものに似ているが確定できなかった。

＊**米の花粉に由来**：ドキュメンタリー映画『ミツバチからのメッセージ』（企画・制作：ミツバチを救え！ DVD製作プロジェクト実行委員会、2010年）より

稲の穂に花が見られる

巣門での争い（盗蜜バチが出現）

8月13日

ニホンミツバチの巣箱では、暑い日には巣門付近にたむろする夕涼み集団が見られる。今日はなんだかその連中に落ち着きがない。近寄ってみると、あちこち数か所でミツバチ同士が争っている。激しいところは取っ組み合いだ。組み討ち中の一組では、ついに一方が相手を大あごで噛(か)み殺した。倒れた相手を抱え込んで遠くに放り出しに行くものもいる。地上にはあおむけになった死体が5頭ほどころがっている。目ざといアリにすでに取り囲まれた亡骸もある。まるで戦場みたい。形勢は巣箱守備隊のほうが断然有利の模様。

最初は、セイヨウミツバチによる盗賊行為つまり盗蜂（盗蜜）かと思った。だが襲ってきたハチの体が巣箱の連中とよく似ていて、どうも同じニホンミツバチのようだ。念のため盗賊を捕まえて、後ろ翅の翅脈(しみゃく)をルーペで拡大し観察したところ、H字形の交差があることからニホンミツバチであると確認した。写真はまだバトルが収まってない時のもので、右上方では後ろから乗りかかって攻撃しているものが見えるし、左側でも取り囲まれたのがいる。だがこの時点では大勢が決していて、残念ながら迫力を欠いた写真しか撮れてない。

養蜂家は盗蜂といったり盗蜜といったりする。本来「盗蜜」という語は広い意味があり、花粉の媒介サービスを伴わずに花蜜を奪取することを言う。それをやるのが、鳥ではスズメ、昆虫ではアリやチョウ、特定外来生物指定で知られるセイヨウオオマルハナバチなど。しかしミツバチ同士であっても、場合によっては他の巣から貯蜜を失敬する。特に花蜜不足の頃には起こりがち。

セイヨウミツバチがニホンミツバチを襲うという話はよく耳にする。体のサイズがやや劣り性格的にも大人しいニホンミツバチが劣勢に立たされ、戦意すら失うといわれている。だが、蜜が十分に確保できる季節だと、そんな争いは少ないらしい。実際、私も双方を春頃に同じ庭で同時に飼ったことがあったが、お互いに侵略することはなかった。

蜜盗人のミツバチ出現で混乱する巣門付近

今、庭にいるニホンミツバチは数も多くガードもしっかりやる強群で、なかなかスキをみせない。盗蜜となると後続部隊がまだ来るかもしれないと思い心配したが、その内に紛争は収まった。どこかの弱小コロニーが崩壊して、その迷いバチが入り込もうとしたのだろうか。だが経験者によると、優勢な盗蜜者はしつこくて被害の側は壊滅に至るほどらしい。巣箱を遠くに移すか巣門を数日間閉じるなどの対応策が語られている。

夏枯れで花不足が心配だったが、近ごろになって巣箱の出入りが活発になった。空中の見えない回廊はラッシュを思わせるくらいになっている。持ち込まれる花粉は黄色のものが多い。散歩に出た時に偶然見えたのは、県道の両側に華やかな列をなすピンク色の街路樹。百日紅（サルスベリ）の木で、今や満開である。その中の花に寄るミツバチやマルハナバチを見つけた。ニホンミツバチにとっては夏場の貴重な花粉源である。この時期、ヒマワリやキンカンがあればとても良い蜜源にもなる。これらの蜜源・花粉源をうまく分け合って仲間同士の争いをなんとか避けられないものか。動物でも暮らしを全うするのはなかなか楽ではないなーと、ミツバチの日々の様子を見て思うことが多い。

千鳥足(ちどりあし)のミツバチ・ダンサー

8 月15日

庭の巣箱は一応元気そう。先週には盗蜜かと思う一幕もあったが、今はかなり安定している。蜜源になるハギの花も咲き始めてきた。のぞき窓から巣箱の内を見ると、落ち着かない様子でダンスしながら巣板の上を這うのは、餌探索から戻ってきた働きバチか。小回りの尻振りダンスをしながらも、１か所に止まるわけではない。ブルルッと体を震わせてせわしく進行方向を変えている。以前、米国シーリー博士がセイヨウミツバチでのダンサー(探索バチ)の動きを単行本の中で記しているのを読んだことがある。そのページの図には千鳥足のような足取り(軌跡)が載っていた。

シーリーさんが言うように、巣のあちこちに待機中の仲間のなるべく多くに、尻振りダンスを限りある時間内に見せて回る(蜜源の情報を伝える)、という説明も納得がいく。踊りを広く宣伝するために動きまわる昆虫って他にあるだろうか？(イラスト)

千鳥足という酔っ払いのおじさんの歩き方(いわゆる酔歩)は、赤提灯街で今でも目にすることがある。危うい歩き方のように思えるが、意外にも多くは首尾よく自宅に着いているらしい。しかし、目標を探し回る探索行動をとる場合、大方の現代人は秩序だった計画的な方法を採用する。例えば、船が遭難し連絡を絶った時、広域での捜索活動は対象海域を細かく区画に切り分けて一つ一つしらみつぶしに探すのが常道。「行き当たりばったり」にランダムで無作為に探していく方法は公式には採用されない。同じ地点に戻ってしまい重複が生じることが多く無駄にみえる。だが、長い目で見ると(あるいは統計学的・確率論的に評価すると)、でたらめに見える千鳥足歩きだが探索行動としては最善策のものがあるそうだ。

少なからぬ動物では、獲物を探して動き回る行動がランダムであることが知られている。その動き方の一つには「レヴィ飛行(レヴィ軌跡)」と呼ばれるものがある。アホウドリの採餌行動を追った仕事から本格的な研究が進み、その後、サル、トナカイ、アザラシなど他の動物でも続々と見つかっている。昆虫ではアリ、ハエ、マルハナバチ、そしてミツバチについてもレヴィ飛行を行うとされる。

※イラストはイメージ

レヴィ飛行をすると言うとなんだかいい加減な行動のように思われるかもしれない。だがメリットがあるからそれが採用されている。ミツバチは熟知した土地についてはマップ(地図)が頭の中に出来ており、その範囲ならば目的地にほぼ最短距離で直行するという研究報告がある。巣でダンサーの尻振りダンスから位置情報を読んで現場に急ぐ場合も、同じく直行型になる。見知らぬ土地に来た場合についてはレヴィ飛行をとる。

では分蜂(ぶんぽう)の時に新しい住処の候補地を探すのはどうなのか。それぞれの探索バチはレヴィ飛行を採用するにしても、探索地域のある程度の区割り分担がなされているように思えるが、たぶんまだはっきりとは解明されていないと思う。これは面白い研究テーマであろう。

何千といる自分の家族と家事を分担して暮らし、迷わずに家に戻って来られるし、ダンスを千鳥足で舞って餌場を知らせるなど、ミツバチの行動は奥が深くて芸が細かい。ミツバチは本当に不思議で面白い昆虫だと改めて思う。

秋の蜂蜜搾り

10月 6 日

秋になり様々の花が咲き乱れて蜜源に気を使わないで済む季節になった。そこで思い立ったのが蜜搾り。庭の巣箱はまだ一度も採蜜しないままできている。試しに巣箱を持ち上げてみると 20kg を超える重さだ。ミツバチまもり隊隊長の小織さんを助っ人に頼んで、私と妻との 3 人で蜜搾りにとりかかった。採蜜開始は朝 8 時。天気は曇りで、今にも降りそうな空。

巣箱は箱枠（桝状の木枠）を 4 段に重ねて作られており、その内側に上下方向に伸びた巣の本体（巣板）が 7 枚、平行に並んで収められている。箱枠の隙間に細い針金ワイヤーを食い込ませ、しごきながら手前にずらして引き切っていった。これで最上部の箱枠の部分を丸ごと取り出せた（写真）。切り出した断面を見るとすべて貯蜜域で、花粉もここでは見当たらない。巣箱の下の方に位置するはずの育児域が無事に避けられていることが確認できた。7 枚の巣板は切断面が霜柱のように見える。その間に見える 7 mm ほどの狭い空間が、まさに働きバチの職場にあたる。両側にぎっしりと並ぶ食料庫や保育所の小部屋（巣房）をまわってケアーをしたり、仲間と口移しで蜜交換をしたりで忙しいところだ。

ミツバチやスズメバチを呼び込むのを避けるため、箱枠からの巣板の切り出しは別の離れたところで行った。きれいな蜂蜜がたっぷり詰まった 7 枚の巣板を切り分けて取り出していく。断面がまるで霜柱のように見える巣板には、表面に白いシール（蜜ブタ）が貼られている。それをはがしていくと、琥珀色の蜜のドロリとしたしたたりがまぶしい。

逃げ遅れ蜜まみれで動けなくなり犠牲となった働きバチが 10 頭ほど巣板の隅に見られるのはいつものこと。巣板は小さな無数の小部屋（巣房）の集合体だ。その各小部屋に小分けして蜜を収め、ある程度濃くなったら蜜ブタで封がされる。そのような工夫のおかげで、働きバチたちは普段は蜜の洪水に襲われることはないが、人間の勝手な巣の破壊で蜜が大量に垂れ流れると、災害みたいな事態になる。この時ハチたちは、箱の内部の切断部の修復やこぼれた蜜の回収に大忙しのはず。

取り出した巣板をいくらか砕いたものをリード紙で敷きつめた金ザルに積み上げ、濾過(ろか)されたきれいな蜂蜜を滴下させ桶に集めていく。気温がまだ高い今頃でも、終わるまでに丸１日以上かかる。蜂蜜収穫量は３Ｌ(約3.5kg)だった。今度の蜂蜜はいつもより濃くて粘性が高い。小さじにすくって口に含むと独特の香りが広がり、さっぱりした甘味に伴う風味も好ましい。

巣箱の枠の境目に針金を入れて枠を切り離す

蜂蜜を含んだ巣板（断面）

過去の採蜜の経験では、人が巣箱をいじると警戒して激しく飛びまわるミツバチの一群がいたが、今回はあまり振動を与えない静かな採蜜作業だったので、思ったほど騒がれず。日ごろスズメバチを追い払うなど世話をする私の体臭も覚えていて、略奪を大目に見てくれたというのは、ちょっと思い過ごしかも。知り合いの養蜂家からは、蜜搾りの後でミツバチ一家に丸ごと逃げられたということをよく耳にする。その恐れはたしかにあるが、見たところミツバチ一家は平静に見える。翌日になっても朝早くから花粉や花蜜を運び込んでいる様子なので、とりあえずは安心。

二つの台風に耐えて

10月30日

季節外れの二つの台風、台風21号と1週間をおいて22号がやってきた。台風21号は今年初めての超大型台風といわれる。深夜、最高時およそ毎秒20mの暴風が荒れ狂い、雨量も予報の20mmがうなずけるほどの激しさ。同じマキノ町でもかなりの地区で長くて33時間の停電にみまわれ、瓦や外壁が飛ぶなどの被害が出たところもあった。我が家付近は幸い瞬間的な停電ですんだが轟音をともなう風がひどかった。JR湖西線も比良駅近くの高架でコンクリート製の架線電柱が9本折れ2日ほど運休となった。後日、散歩に出たさい目にしたのは、近くの知内川沿いの遊歩道に太い桜の木が数本、根こそぎえぐられ倒れたまま放置されているゾッとする光景だった（写真）。

この嵐の最中、庭の巣箱はとても持ちこたえられまいと観念した。だが少し治まった朝方に見ると、それでも巣箱はなんとか立っていてくれた。強風にあおられて箱も激しく揺れたのか、つっかえ棒が飛ばされていた。床板は雨水でビチョビチョ。半月ほど前に巣箱の台座など下部を取り換えていたので、箱の継ぎ目から内側への雨水の浸み込まないかと心配だった。中にいたハチたちにとっては不安の連続だったろう。それでも、北向きのフェンスに取り付けていた葦簀（よしず）が巣箱に当たる風を防ぐのにいくらか役立ったようだ。傍に立つ柿の木はほとんどの葉を削がれ、収穫前の柿の実があたりにばらまかれるように落ちていたから。

二つ目の台風が去って、今朝は久しぶりの青空が現れた。いわゆる日本晴れ。2日間箱に閉じこもっていたミツバチたちは、ここぞとばかりに朝から出入りが盛んになった。晴天なのはいいが外の気温が急激に下がってきて10°Cを割っている。この寒さで花（蜜源）はどうだろう？ミツバチにとっても一難去ってまた一難かもしれない。

強風でサクラの木も根元から掘り起こされた

花の命は短くて

11月 5 日

『放浪記』の作者、林芙美子（ふみこ）の詩に由来するといわれる「花のいのちは短くて苦しきことのみ多かりき」のフレーズはあまりにも有名だ。しかし、むしろこれは人よりもミツバチ（働きバチ）の方で言いたい切実な言葉なのかもしれない（「花」を文字通りにとるとして）。花蜜と花粉に生計を頼るミツバチは、花々が季節の移ろいとともに次々寿命を終えると、新しく咲く花を求めてジプシーをやり続けなければならない。秋も深まり花枯れになるこの時期にはいっそう気になることであろう。

だいぶ前、たぶん 10 月の中頃だったか、道端に黄色い小花を付けたアメリカセンダングサがいつの間にか茂ってきた。悪名高い外来種なので本来は引き抜いて駆除する対象なのだが、思いがけずにもその花にニホンミツバチが 5 頭ほどたかっているのを見つけた。我が家から近いところなので、「ウチの連中」だろうか。熱心に採蜜しているのが分かり、現金なもので私はその草を駆除する気になれなかった。しかし間もなくこの道端の草は刈り取られてしまった。そのあと、マキノ駅前の花壇にサルビアの真っ赤な花が咲いた時も、数頭のニホンミツバチが来ていたが、花が枯れる頃にはいなくなった。

巣箱を置いてある庭に、妻 Y がミツバチのためにと植えておいたわずかなツワブキが花を付けた。アブやアオバエがさっそく来ているが、我が親愛なるハチたちはそれを横目に見ながらも、そそくさと西側へ飛び立っていく。何か大口の蜜源があるのだろうか。それではと、私も自転車でその方角を見当に花を探しに出てみた。川べりや空き地を占拠するように咲くセイタカアワダチソウの黄色い花は、盛りを過ぎて枯れかけているのが増えてきているが、それでも数は圧倒的に多く残っていて、おそらくはミツバチの蜜源としてあとしばらくは役立つのだろう。しかしニホンミツバチが採蜜する姿をついに見出せず。働きバチはたしかに白や橙色の花粉を次々運び込んでいるのでどこかに蜜源があるはずだが、結局見つけられずに今回の探索を断念した。

ところがその翌日の散歩の途中、浜をめぐる遊歩道の脇にイモカタバミが密生しているところに行きあわせた。その群落の中にニホンミツバチが花蜜を吸っているのを発見(写真)。よく見ると、仲間を呼び寄せたのか近くに5、6頭の姿が見える。群れで採蜜中のニホンミツバチを久しぶりに目にして、私は嬉しくなり写真を撮りまくった。距離からしてたぶん我が家の巣箱の住人らが出張してきているのだろう。

先ほどのアメリカセンダングサ、セイタカアワダチソウといい、それにイモカタバミといい、あちこちにはびこって嫌われ警戒される外来種植物だが、この花不足の時期に盛大に花蜜や花粉を提供してくれる。我が国古来のミツバチであるニホンミツバチが外来種の植物に命を支えられるというのも、何か皮肉めいた話だ。

イモカタバミに来て採蜜

分蜂群との再会

11月16日

7月2日に我が庭の巣箱の群れから分蜂が起こったことは既に56ページの日記23に書いた。梯子に上って蜂球ゲットの時、捕獲袋にズシリと来たあの瞬間の感触はまだ生々しい。その群れを、3kmほど離れたMさんご夫妻（日記23では「マキノのあるお宅」）に譲渡したのだった。このご夫妻も以前は蜂球を捕らえて丸胴型の木箱に飼っていた経験があるらしい。

その後、養子に行ったコロニーは生き続けているとのことを耳にしていた。そのMさん夫妻のところに4か月ぶり、前と同じくミツバチまもり隊の小織さんとともに訪問することになった。マキノ町の山沿い、果樹園に囲まれた農業公園「マキノピックランド」から南方しばらく行ったところにお住まいがある。あたりは山際で、古くからの家もあり寺や神社もある静かなところ。ご夫妻は退職後にこの地で家庭農園（自家農園）を営み、米・野菜・花などの供給販売と様々の家畜やペットと暮らす毎日とか。農園のほか雑木林をもち、客が自然のたたずまいの中でゆっくり野菜を採り花を摘めるようにしているのが素晴らしい。玄関先には鶏のウコッケイ8羽ほどがお出迎えというか物珍しそうにこちらをながめていた。

Mさんらとの挨拶もそこそこに、早速に巣箱のある庭先に案内される。そこは石造りの手水鉢や石灯籠の立つこじんまりした中庭になっている。縁側のそばに巣箱は置かれていて、元気にミツバチが飛び交っていた。外勤バチらが庭を抜けてまっすぐ飛び行く先は、金平糖のような花を多数付けたママコノシリヌグイが占める草地。小川の堤や稲田のあぜなどに広がって咲いている。少し前まではキバナコスモスが主な蜜源だったとか。戻ってきた外勤バチは、時には私へ「ビビッ！」と警告音を出したり無遠慮に頭にぶつかってきたりした。「元の飼い主のおっちゃんだよ、忘れたか」と声をかけたくなったが、分蜂前にウチの庭に居た連中は、すでに何代か前の姉さん方なので今はこの世にいない（母女王は元気に生き続けているが)。ともかく、こりゃ皆さんとても元気だ、心配いらない。

箱の状態を見る。前扉を開けて内側を見ると、巣屑などはなく床はきれい。底すれすれまで伸びた巣板の塊が大きい。表面にびっしりとミツバチが付いていてにぎやかだ。Mさんが巣門にスムシを見たとか言うのが心配材料だが、この強群だったら乗り越えるだろう。この再会の後は、ハーブ茶をいただきながら四方山話。冬の過ごし方や寄生ダニ(アカリンダニ)への対策で保温材を巻くことなどを話し合った。

我が家のミツバチ書棚

冬ごもりに向けて

11月19日

めっきり寒くなってきた。まだ11月下旬に入ったばかりの今日の気温は最高で7℃。真冬並みだ。ニホンミツバチの巣箱もここのところ出入りが減っている。花も少なくなったが、ハチの方でも冬に備えて産児調節に入ったのかもしれない。働き手のハチが生まれてこないと巣そのものの自主管理・運営が大変。だが良くしたもので、寒くなって冬場にかかると、働きバチの寿命が延びて3か月ほどになる。普通、働きバチの寿命は1か月ちょっとくらいだから大幅アップだ。花がないと蜜集めなど外勤の仕事はないが、巣を守って春の活動再開までの越冬業務が彼女らの肩（?）にかかってくる。例えば巣の温度を保つための暖房活動はおろそかにできない。前にも書いたが、働きバチは胸の筋肉（飛行筋）を激しく動かすことで熱を発生させる。ただし羽そのものへの連結をはずすので、夏場での旋風行動のように風を起こしてあたりを冷やす心配はない。冬の暖房の燃料に相当するのが筋肉にエネルギーを供給する蜂蜜だ。それで冬を越すには蜂蜜の十分な備蓄が必要なのは言うまでもない。

庭の巣箱は箱枠（四角の木枠）を4段に重ねて作られており、今は最上段の箱枠に設けられた観察用の窓から中をのぞくことができる。先週までは働きバチの集団がその最上部の巣板の表面を黒々と占領していたが、今やわずか2、3頭しか見られない。その代わり、蜜液が巣房に貯えられている有様がよく分かる（写真）。先の6月頃にはこののぞき窓の付いた箱枠は中段の位置（巣箱の中頃）にあり、そこから内をのぞくとちょうど育児域あたりを見ることができた（日記24で書いている）。採蜜の時に最上段の箱枠を内の巣板ごと取り去り、中段だった箱枠が最上段となった（下に箱枠一つを継ぎ足している）。まさに今見える最上段の箱枠の内側は前と同じ巣板の部分を見ているが、巣房はどれも蜂蜜を貯める壺の群れに化していた。巣の上方に蜜を貯めるのはニホンミツバチのいつもの正常な習性で、以前はさなぎを収容していた巣房は蜜の貯蔵所に変えられている。もちろん育児域はより下方に設けられているはず。

閑散とした様子にすこし心配になって箱の下部をのぞき見ると、巣板の下端にはハチがびっしり詰まるように集まっているのが見えた。１か所に集合して体を寄せ合い、暖を取るような体制になったのだろうか。厳冬期には蜂球を巣の中央部に作るといわれるが、まだそこまでには至ってない。ただ、その準備が始まったようで、邪魔な巣板をかじり取って生じたとみられる巣屑（すくず）が巣門に出されている。

今あるミツバチのコロニーを巣箱ごと譲ってもらえた琵琶湖対岸の井上さんのところでは、すでに防寒のために毛布を巣箱に巻き付けたという便り。家から見える赤坂山などには冠雪が見られる。平地に雪が降る前に対策をとらないといけない。巣門に細い木片を入れて入口狭くし、寒風を避けるようにした。ついで、とりあえず発泡スチロールの板を箱の側面に貼り付けた。

それぞれの巣房には蜜が蓄えられていく

12月、真冬並みの寒気が到来

11月26日

数日前までは小春日和を思わせる好天で、ストームみたいにして若いニホンミツバチ15頭ほどが巣門近くを飛びまわっていた。この若手が春までがんばることになるのだろうか。ついつい期待の眼差しを向けてしまう。

そのミツバチを狩りにきたわけでもなさそうだが、オオスズメバチの１頭が急に現れた。見たこともないほど大きなオオスズメバチの女王で、たまたま換気で開けた我が部屋の窓から入ろうとした。この女王には大いに興味をひかれたが、入られたら我が家の人間社会に混乱がもたらされるので、つれなく窓を閉めた。彼女は越冬地をあれこれと探し回っている様子で、そのうちどこかへ去った。

この時期、スズメバチの家族は崩壊していき、多数いたワーカー（働きバチ）たちは命を落としていくが、生き残るのはほとんどが若い女王バチ。その体内には交尾相手の雄バチの遺した精子が卵子とともに貯えられている。女王は朽ちた木々や倒木などに身を隠して越冬し、春になると産卵して自らの新しい家族を一から作り出し命をつないでいく。先ほどの女王の飛ぶ姿に孤独の影を見たように思ったのは気のせいだろうか。

その点、ミツバチは貯えのある暖かい巣の中にいて家族大勢で冬を越すことができる。天気予報では、夜半に大陸から今季最強といわれる寒波が下りて来て、当地もみぞれになるという。気温もしだいに下がるのが感じられた。そこで、庭にただ一つある巣箱の４面に、発泡スチロールの板を２、３枚ずつ重ねて貼り付けヒモで縛って固定した。これでずいぶん暖かなのでは。

年の終わりに

12月18日

今年2017年は、恐ろしい（あるいは不幸な）事件が頻発し、国際的には米朝の緊張関係などもあり不安感に満ちた年であった。だがミツバチとの関わりで言えば、個人的にはけっこう興味深い面白い年だった。

5月、庭の鉢植えのキンリョウヘンに、花房がたわわになるほどにニホンミツバチが集合したことがあった。野生の群れを招き寄せて巣箱に確保できたのは初めての経験。驚きであり楽しい事件であった（44ページ）。その群れが半月も経たないうちに、寄生ダニ（アカリンダニ）によりみるみるうちに滅亡していったのは、これまた驚かされ残念に思ったことでもある（48ページ）。不自由な羽で無理に飛ぼうとしたり、巣房に頭を突っ込んだまま餓死したりしているハチを見て痛ましく思った。

同じ頃、琵琶湖対岸の地に住むハチ友の井上さんらが、ニホンミツバチの一群れの住む巣箱1個を、我が家に持ち込んでくださった。その群れのルーツは山梨県から移入したもの。アカリンダニの寄生に強い群れで、手作りの巣箱もその地の技術導入がなされている。こうして、新手の一家が裏庭に住み着いた（50ページ）。箱側面には板チョコくらいの広さののぞき窓がありコロニー観察に大いに役立ち、日記のネタをいくつか提供してくれた。

分蜂は毎年経験することではあるが、いつ見ても印象深い。6月の朝8時過ぎに夏分蜂が起きた。松の木の高いところを無数のハチの群れがさまよったのち、木の枝の一点に急速に集まって塊（蜂球）を作った。高いところだったが、長い梯子（はしご）を使っての回収成功で久しぶりに興奮した。捕獲群は同じ町内だが少し離れた山際の農家にお譲りした（56ページ）。その4か月後にこの養子組と再会し、元気な姿を見ることができた。

8月のある朝の6時過ぎだったか、すぐ近くの田にラジコン・ヘリが農薬（ネオニコ）散布に来た。稲の害虫カメムシなどの駆除が目的。散布では風向きが気になった。過去にも、散布の後にミツバチの調子が悪くなりコロニー絶滅に至った経験がある。散布空間を飛んで被曝するのを避けるため、巣箱の出入りを一時的に止めた(62ページ)。残留性や浸透性といったネオニコの危険性がまだ広く知られていないのがもどかしい。

秋になり様々の花が咲き乱れてきた頃に蜜絞りを決行。取り出した7枚の巣板は切断面が霜柱のように見える。巣板には、表面に白いシール(蜜ブタ)が貼られている。それをはがしていくと、琥珀色の蜜のドロリとしたしたたりがまぶしかった(70ページ)。

花蜜と花粉に生計を頼るミツバチは、花が季節の移ろいとともに次々寿命を終えると、新しく咲く花を求めてジプシーをやり続けなければならない。秋が深まると、そんな働きバチたちの愚痴が聞こえてきそう(74ページ)。

12月に入ったばかりなのに真冬並みの強い寒気が到来。保温対策のつもりで、巣箱の4面に発泡スチロールの板を2、3枚ずつ重ねて貼り付けた(80ページ)。

以上は振り返ってのトピックス。ミツバチも付き合いが長くなると、なんだかファミリーみたいに身近に感じられる。時にはこちらも観察されているのではと思うことも。とにかく、無事この厳冬を乗り越えてほしいと今は念ずるばかり。

2018

1.9 — 12.9

ミツバチは優れた建築家

ミツバチと冬の虹

1月9日

今年（2018年）の正月三が日は天気が良くなかった。3日の朝は雪で、時には曇り空。寒い冬場ではミツバチは巣箱にこもってしまい、出入りが目立たなくなる。その静かな巣門（巣箱の出入り口）に巣屑を出しに出たミツバチ1頭がいた。そのハチと目が合った（？）とたんに急発進のスクランブルをかけられ、私はしつこく追いまわされるはめに。追われたのはその日で2回目。初めの時は、箒で巣屑を払ってやろうと寄った時に、たまたま出てきたハチさんとぶつかりそうになった。思わず腕を払ったところ、怪しいやつと思われたのか、まとわりつかれ走って振り切ったのだった。冬は気が立っているので巣に近づくなとよく言われる。

7日、一時的に晴れ。朝、命失われたハチの体が15頭分ほど巣箱の外に放り出されていた。巣の内から飛び出して亡骸を抱えて行くのもいる。途中で重さに耐えられなかったのか、いったんは地面に下りたが、気を取り直したようにまた抱きかかえて遠くに運んでいく姿もあった。巣門付近のテラスでは巣屑の掃除も盛ん。巣屑をくわえてテラスをちょっと飛んで、外に放り出すとUターンで巣の内に戻っていくのが数頭。驚いたことには外から白い花粉を持って帰った働きバチがいたこと。今咲いている白い花粉の花は何だろう？　昼過ぎ3時近くで「時騒ぎ」（21ページ参照）がみられた。気温を測ったら7℃付近であった。

9日。前日は雨やアラレの寒い一日だったが、今日の気温は8℃くらいで時どき晴れ間も出る。働きバチにとっては、冬ごもりで待機の後の待ちに待った掃除日和らしく、巣門にたくさんの巣屑を出していた。巣の側面に貼り付けた発泡スチロールの真白な表面に、ところどころ黄色いシミが付いている。じっと我慢して腹に溜め込んでいたのを手近なところで排泄したらしい。

午後になって時雨、ときにはアラレが降り、しばらくして晴れ間から陽光がさす。それも15分ばかりでまた雨。この繰り返しのように目まぐるしく天気が変わる。その晴れ間の見えたとき、巣箱の向こうに虹が立っているのが目に入った。秋から冬にかけて「高島時雨」と呼ばれる天気の頃には、市内によく鮮やかな虹が見られる。

虹の半円がまるで巣箱の裏から華やかに立ち上がるふうに見えた。それが気に入って写真を撮ってみたが、残念なことに虹の色が薄くてはっきりしない。しゃくだからスケッチにしようと思ったが、これもうまく描けなかった。色鉛筆なんかで虹をきれいに描こうとするのはかなり無謀なことと思い知った。

その時思ったのだが、ミツバチにこの虹の色はどう見えるのだろうかと。ミツバチの色覚からすると、虹の環の外側にある赤色帯はほとんど分からない。その代わりに、波長が短すぎて人には見えない近紫外部の光は、環の最も内側（紫色帯の隣）に並んで、現実の色として見えているはずだ。紫外線の色がどんな感じの色に見えているのかは我々には知りようがない。ミツバチたちも虹を眺めて、きれいだなんて思うことがあるのだろうか。

今度こそ最強寒波の襲来

1 月26日

いやに静かな朝。雨戸を開けると、一晩のうちに 40cm もの新たな積雪になっていた。積もった柔らかな雪が世間のよごれた音を吸い取ってくれているのか。「今季最強の寒波」と、去年の 12 月頃からたびたび言われてきた。だがその割に、ここマキノの地ではこれまで大した積雪はなかった。それでも今朝のように急激な積雪と低温化は、まさに当地でも今季最強の寒波襲来と言えよう。東京で氷点下が数日続いたのは 32 年ぶりのこととテレビが伝える。マキノの土地の人の話では、以前、３ｍの積雪になって２階から出入りしたことがあるとか。たぶん数十年前の頃の話なのだろう。

今日はいよいよ高島市にも大雪警報が出ている。JR 湖西線も大雪で運転打ち切りや運行の乱れが伝えられている。今日の最高気温は氷点下１℃止まりとか、あまり経験したことのない低い値だ。とにかく、とりあえず朝から雪かきが必要。門扉までの通路も 50cm ほどの雪で覆われていて歩けない。それで 30 分の雪かき重労働に専念し、生活道路を確保した。この雪かきの間も急に激しい吹雪になり、閉ざされたように感じられ周りが見えづらくなる時があった。これはホワイトアウトというのだろうか。

さて大きな関心は、裏庭に置いているニホンミツバチの巣箱の状態。昨日、小さなスノコを巣箱入口の近くに立てかけておいたが、どうなったかと心配だった。積雪が邪魔でおいそれとは近寄れない。レスキュー隊老隊員の若干１名、雪かきをしながら、一歩一歩と巣箱に向かう（上の写真）。巣箱の台座部分は雪に埋まっているが、一応無事な様子を見て一安心。巣箱正面に置いた小さなスノコはしっかり隙間を確保し、空気取り入れ口（巣門）を守っていた（下の写真）。

１頭のミツバチが中から飛び出してきてあたりをうろついたが、寒さに耐えられず雪の上に落ちケイレンしている。そのハチを取り上げて巣門に置いた。ハチの糞（ふん）で巣箱の白壁には黄色い点々が増えている。白色のものの上に糞をするとよくいわれる。近くの雪の表面にも黄色いスポットが見られるが、これはこらえきれずにやってしまった跡なのか。

積雪の庭をラッセルで進み巣箱の雪を落としに行く

綿帽子を被った巣箱

雪かきの後は腕や腰が痛む。今日のような降雪だと日に3回は雪かきが必要。まだしばらくは雪が降り積もるというので、油断できない。しかし楽しみなこともある。雪景色は一夜のうちに違った世界を見せてくれる。葉の落ちた庭木の枝に雪の花がにぎやかに咲くのを見るのも、たまには良い。鳥たちの姿を近くに見るのもまた楽しい。ムラスズメが数羽で訪れるのも度々だ。家のベランダにまいてやったパンくずをさかんにあさり、素早く呑み込んでいく。あたり一面の雪で餌が見つけられず、よほど腹が減っていたのだろうか。その丸い頭、美しい模様の羽、ふっくらとした丸っこいからだにあふれるかわいさに見とれてしまい、しばらくはぼんやりしていた。

ダンス言葉を読み解くミツバチの脳

2月3日

冬ごもりが続く間に、日ごろ手にしなかった本などを読むことにしている。ある論文には驚嘆した。ミツバチが尻振り（8の字）ダンスで仲間に花蜜のある場所の位置情報を伝えることは、フリッシュ博士の発見によって既に広く知られる。だがそのダンス言葉がミツバチ自身でどのように解読されるかは謎であった。

その論文とは、昨年秋に福岡大学の研究グループが、セイヨウミツバチの脳内に尻振りダンスで生じる特徴的な音から距離を検出する神経集団（回路）を発見したというもの（J.Neurosci. 誌、2017年）。たかが虫の脳と言うなかれ。最近は虫の脳も人の脳の基礎研究にヒントを与える可能性が言われてきている。

尻振りダンスのような行動は目で見て分かるし興味を惹くが、実際にダンスが周りのハチの体の中でどのように受け取られ意味を持つかは外から見えない。そのブラックボックスみたいなものの内側で主役を演じるのが神経細胞。ミツバチの神経細胞がどのように情報を運んでいるのかを知ろうと思えば、極細の電極を個別の細胞に差し込んで電気記録を取らねばならない。ミツバチの脳がいくら小さいといっても、細胞の数は無数と言ってよいほどで、それらを生きたままの状態で調べるには根気のいる繊細な作業をやらねばならない。大概の者は途中で断念する。今回、困難な仕事をやり遂げた研究者たちはすごい！と思う。

さて、ダンス解読の話に戻ろう。巣の中は昼でも暗闇なので眼が使えず、音や振動が情報伝達の主な手段になる。ダンサー（偵察バチ）の尻振りダンス（イラスト）は蜜源などの場所までの距離と方角を表す。ダンスでは直進部（波線部）を通る時に翅と腹を震わせる。その時出す一連の断続音は周りの働きバチの触角に捕らえられ、神経繊維を走る信号（電気パルス波）の形に符号化され、脳の聴覚担当部に送り届けられる。この度の研究で、ダンスの断続音の長さから距離を解読（解聴？）している聴覚回路が実際にミツバチ脳の中に初めて見出された。

情報の流れはそこではどうなっているのだろうか。実は、神経細胞同士の微妙な調節がなされている。ある神経細胞は、普段はお隣さんの細胞に抑制をかけ暴走(?)を抑えているが、音の信号が到来している間に限って抑制を止める。その間、相手の細胞は自由になって電気パルス波を発信する。この一連のパルス波信号の長さにより、多分目標までの距離が認識される。これらの細胞は、ダンサーが出す特徴ある短い音パルスに対し最も強く敏感に反応するが、それ以外の音や雑音はほとんど無視する。つまりラジオの選局(同調)機能のようにふるまっているのだ。

距離の他に、蜜源のある方角の情報は、上下方向と直進部(図の波線部)の間のズレの角度で表される。上記の細胞の仲間のひとつが、ズレの角度の解読に関与する可能性もあるそうだ。距離と方角が分かれば、特定の一地点が指示される。

ダンス言葉を成り立たせる仕組みが、あの小さなミツバチ脳にあることが解き明かされつつある。我が家のニホンミツバチたちにもこの回路はあるのだろうか。

我々人も生きていく上で多くを頭脳に頼っている。ミツバチの脳の今回のような研究が、「認知」とか「思考」ということの意味をあぶり出すかもしれない。そんなことを思うと楽しくなる。

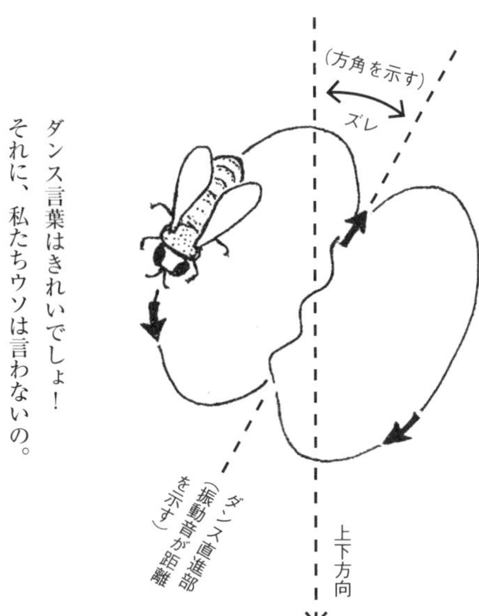

連日氷点下の低温に耐えて

2月10日

最低気温が－9℃あたりまで下がった。ご近所では、水道管が凍結し風呂が使えなかったとか管の破裂で慌てたとの声も聞く。我が家では、夜のうちも水道栓からチョロチョロと出しておいたので、また庭の水道栓には厚いカバーで覆っておいたので、持ちこたえてくれた。これほど低い気温はめったにないので庭の巣箱のミツバチは大丈夫かと気がかりだった。米国シーリー博士の本では、セイヨウミツバチは外気温 −30℃であっても巣の中を適温に保っているという。そのためには備蓄の蜂蜜を1週間で1kg ほど消費し熱に変えているとのこと。

今日は珍しく丸一日晴天の日。昼には8℃くらいまで気温が上昇した。そこで、午後1時には待っていたかのように巣門付近が騒がしくなり、巣箱周辺を働きバチ20頭ほどが飛びまわっていた。あたり一面はまだ雪の積もった白い世界だが、それでも近くの木々の間を飛びまわって探索している猛女がいる。

庭にあるビワの木は寒さに弱い。重い雪をかぶり、時に激しい風雪にさらされてすり切れたような葉の間に、点々と花のつぼみが見られ、わずかに花弁が開いたものもある。その樹冠に飛び回る影が時どき見えた。ブーンという羽音はすれども姿をなかなか確認できない。ミツバチの羽音なら独特の高い音（周波数）のはず。そこで、録音してエクセルの解析ツール（FFT）にかけて調べることを思いついた。だがそのうち、ビワの葉と葉の間の小さな青空のパッチ（隙間）に、花に頭を突っ込んでいる姿がわずかに見てとれた。腹部の縞模様はまさにニホンミツバチのもの。横向きになった時にやっと全身が見えたが、シャープな写真を撮るのには失敗。でも、まだ寒いなか早速に花蜜探索にかかる仕事熱心さには感心した。多くの花が咲くまでにまだ日にちがかかりそうだが、下見に来たのだろうか。

冬の厳しい時期、籠城中のミツバチ・アマゾネスたちには気が立っているものもいるので油断は禁物。先週のこと、ミツバチの巣箱をかまっていて、出てきた働きバチに左の掌を刺されてしまった。とりあえずゴムバンドで左腕を縛った。

皮膚に残った毒針を指先でつまみ取るのはよくない。毒針についてきた毒腺からさらに中身を皮膚内に押し出すことになるからだ。先端が極細のピンセットを用いて毒針を根本から丁寧に取り去った。私は２年ほど前にも刺されているのでアナフィラキシーショックがないとは限らない。かねて用意の注射器で傷口を吸引して水洗いし、クスリを塗った。幸いにも腫れも目立つほどにならず、大事に至らなかった。

雪中の訪問客（本文とは一応無関係）

春が近寄る日々

2月26日

2月の26日。朝から晴天。ただし風はまだ冷たく感じられる。数日前まではあたり一面に居座っていた雪の白い陣地は急速に縮小し、次々と黒い地面にとって変わられていく。生き物を育む土の臭いが久しぶりに漂ってきた。気の早いイヌフグリが数個の小さな花を開いている。庭の巣箱では10℃近くなった昼前からにぎやかな出入りがある。巣箱の入口付近はまるでお祭り騒ぎのようだ。働きバチが次々と飛び出していく一方で、勢いよく戻ってくるのがいる。若手のハチたちはあたりをやたらと飛びまわっている。少し前までは、氷点下の寒気の元で熱を生み出すために必死に使った飛行筋だが、今や翅に連結され自由に空を飛びまわれる。それを喜びはしゃぐように見えるのは、私の気のせいだろうか。花粉の持ち込みがいつもより多く、帰還のハチの半分以上が黄色や白の花粉の塊を後肢バスケットに抱えている(写真)。タンパク源である花粉を十分に確保できて、女王バチも本格的な産卵態勢に入ったのだろう。

ブッブッという羽音を、ミツバチが巣箱から飛び出す時や巣門到着を前にして発することがある。遠くでバイクのエンジンをふかしている時聞こえる断続的な音に似ている。これまでに飼ったコロニーでは、静かに出入りするものたちが多かったと思うが、今回の働きバチたちは掛け声みたいに音をたびたび出すように思えた。興味を感じて、とりあえず音声レコーダーに録音した(後ほど音声解析ソフトにかけるのを楽しみにしつつ)。

昼からは知内川に沿って約1時間の散策に出た。ついでに、ミツバチを喜ばせるような花がどこかにあるのか確かめたい気持ちもあった。なかなか花らしい花を見つけられなかったが、我が家から約2km離れた下開田の道路脇に赤い花が盛んに咲いているのに出会った。山茶花の垣根だ。ただし採蜜中のミツバチは見つけられず。川沿いに戻って神社の近くの梅林を見たが、まだどれも硬いつぼみのままだ。百瀬川岸に来た時、民家の庭に蝋梅が咲き始めていた。そこに1匹のアオバエが来て熱心に採蜜していった。ハエにとっても花蜜は大好物。だがウチのミツバチ連中はどこに通っているのか、結局は分からずじまい。

盛んに花粉を運び込むニホンミツバチ

啓蟄（けいちつ）の日を越えて

3 月16日

このところ気温上昇が著しい。防寒用に巣箱を覆っていた発泡スチロール製の白いカバーをついに取り外した。次に、巣門を含む台座部分の交換に移る。この時は面布（頭にかぶる網）と手袋を用意し、妻の助けを得て巣箱の台座を切り離し、新しいものに交換した。静かにしかも手早く作業できたので、ミツバチが騒ぐことはなかった。台座の上面（底板）には巣屑が積もるほどに溜っていた。放っておくとスムシに入り込まれて巣の崩壊の危険が生じるところだった。巣箱は前扉を開けて掃除できる仕組みになっていたが、寒い間はミツバチの気が立っているみたいなので、なかなか手を出せなかった。

３月に入り啓蟄の日も過ぎて、虫も人も動きがにぎやかになってきた。もちろん我が庭のニホンミツバチたちは、既にトップ・ギアで動いて花蜜や花粉の採集に余念がない。一方、ハチ飼いやハチ仲間と言われる人間たちの動きも活発に。月末か４月中には分蜂（ぶんぽう）が予想されるので準備がいる。私のところでは、例年、４月末頃に巣箱から大群が女王とともに飛び出し、近くの木の枝に半球状の塊、つまり蜂球、を作る。これは新しい住処に移る前の仮の宿りだ。

蜂球（分蜂の群れ）を回収するのは簡単ではない。春の分蜂に向けてのもろもろの道具や仕掛け（写真）は、琵琶湖対岸に住む井上さんが、冬ごもりの手仕事で作っておいたもの。はるばる運んでくださった。分蜂の群れを蜂球にして止まらせる集合板は、ワラ縄を板に巻き付け面状にして枠で囲んだもの。その表面には蜜ロウで固めている。このタイプは回収成功率が高いという。分蜂で巣を飛び出した群れは、表面がざらざらした木の枝に好んで集まるといわれ、集合板もその好みに合わせている。

これを２ｍほどのポールの先に、縄面を下にして付けておく。うまく蜂球がそこに着いた場合は、集合板をそのまま取り外して、ロート状のつなぎ箱（ジャンクション）にはめ込むことになる。つなぎ箱の下には新しい巣箱がセットされていて、捕獲された群れは追い込まれてそこに収まる。つなぎ箱はその後取り去る。このような工夫を井上さんは次々考えだしている。

　樹木のかなり高いところに蜂球を作られると、捕獲が難しくなるが、井上さんはその対策も考えている。高いところに出た枝にロープを掛けて集合板をそろそろと釣り上げて固定しておく。まんまとそこに集まってくれたら、ロープを緩めて地上に降ろし、つなぎ箱を経て巣箱に移すという方式。これも試しにということで、庭の松の木に設置することにした。後は分蜂の日を待つばかり。

出番を待つ集合板（左）など

ミツバチ（そして人も？）踊る春

3 月22日

長いこと頑固に閉じていた庭のサクランボのつぼみが一斉に開き始めた。そしてついに私が待ち望んでいたその日が来た。その望みというのは、サクランボの木の花々にウチのニホンミツバチたちが群がって採蜜してくれる様を目にすること。そしてその羽音の弦楽重奏曲を聞きたいということだった。この日、20 頭ほどのニホンミツバチがてんでんばらばらに樹冠に入り、花を次々に移っては頭を突っ込み忙しくしている（写真）。少し興奮気味で楽しそうにさえ見える。しばらくすると、すぐ近くの巣箱に直行するものもいる。おそらく満タンの腹を抱えていたのだろう。私は脚立を持ち出して木の傍に寄り、カメラで採蜜の様子を撮りまくり、新たに買った音質の良いボイスレコーダーで羽音を録音してまわった（音声解析にかけるつもり）。

この良き日、もう一つ期待していたのは、ミツバチの未来（それは人の未来にもつながる）に関わることであった。EU（欧州連合）でネオニコ系農薬 3 種類の恒常的禁止の可能性がいわれてきた。EU 執行機関である EU 委員会が、その投票を今日（22 日）に行うのではとの外国からの報道があったので気になっていたのだ。EU ではネオニコ 3 種類について、2013 年 12 月以来既に 3 年以上の使用規制措置がとられている。その暫定措置では途中脱落していた英国までが、今度は禁止賛成の側に回るという。

つい先月の 28 日、EU の食品政策に大きな影響力をもつ欧州食品安全機関（EFSA）が、ネオニコ 3 種類について、受粉を媒介する様々のハチ類に高いリスクがあるとする総合評価の結果を公表した。EFSA は、1500 ほどの論文を精査し、環境汚染の推定値はミツバチにとって高リスクであると結論づけたのだった。このこと自体はネオニコ問題での大きな進展と思えるが、例によって日本国内ではまともな報道が少ない。

ところが禁止への期待を裏切るニュースが入ってきた。決定権を持つ EU 委員会（加盟各国の代表からなる）では、この22日、23日にネオニコ禁止を投票に付す予定がないという。これまでも昨年（2017年）12月に投票されるのではとの観測があったが実現していなかった。農薬の巨大企業によるロビー活動が激化しているとも聞く。EU委員会の委員の間にも自国の事情があるだろうが、先延ばしにすべきことではないのでは？

投票といえば、ミツバチは新居候補地のうちから最良のものを8の字ダンスのコンテストで選ぶことができ、それは動物の投票行動の一つに数えられている。活発に採蜜をする働きバチを見るうちに、彼女らに「ネオニコ禁止の賛否」を問うことができたらきっと問題なく「賛成」が満票になるだろう、などと空想をしてしまった。それにしても人間の社会はあまりにも複雑化しすぎている。

咲きかけたサクランボの花にニホンミツバチ（中央やや右）が寄る

庭先の巣箱を囲んでミニ見学会

4月7日

前線通過で天気は一変。あいにくの曇り空の下、我が庭では、滋賀県内のある科学者グループ（当日は10名たらずの退職者ばかりの参加だったが）の要望で、ニホンミツバチ飼育の見学会をもった。といっても、巣箱は1台しかないので面はゆいのだが。

何はともあれ巣箱に直行。昼過ぎに起こる「時騒ぎ」（若バチの飛行トレーニング）を、タイミング良く見てもらえた。箱の「のぞき窓」からは、内側にミツバチの群れがびっしり並んでいる様子もはっきり見ることができた。

あとは、他の空（から）の巣箱（待ち箱）を開けて、もともとは巣箱に出来ていた8枚の巣板（これが巣の本体）のうちの1枚を使いながらハニカム構造など説明。「巣板が蜜ロウからできているというがそのロウはどこから？」という普段聞かれなかった質問が出た。「蜜バチは蜂蜜を食べて体内の代謝でロウを作りだし体表に分泌します。それを口でこねて次々と貼り付けて巣を作る」と一応の説明。空っぽの木箱の中に一から巣板を作るということが興味を惹いた風。

ミツバチの家族1万頭ほどが一体化した生活、変わった習性の数々を一気に話した。中でも、暗い巣箱内でのダンスコミュニケーションでは、視覚より聴覚が重要という説明が皆さんには意外だった模様。現在のミツバチ脳研究の動向にも熱心な質問があった。ちょうど季節もよく、巣別れの話を多くしたが、ミツバチダンスによる新居選定では、情報を確かめに行って支持を決めるという点に「まぁ、民主的！」との声が上がった。女王バチが交尾後に精子を何年も保存して使えることにも、「冷凍保存じゃないのにどうなっているのだろう？」と関心が寄せられた。

ミツバチの生存を脅かす環境悪化がここマキノの地にも及んでいる問題も紹介。かつてはあちこちに巣箱が置かれニホンミツバチが飛び交う姿がよく見られたが、今ではさっぱりという残念な状態。その衰退はなぜと問われ、ラジコン・

ヘリによる農薬散布が一番疑わしいと答えておいた。稲田では、夏にホソカメムシが米粒を吸い、黒点の付いた斑点米ができる。ネオニコ系農薬の一種スタークルがその防除に使われるようになってから、ハチが少なくなったと地元の人もいう。私方の前の田には撒かれなくなったが、毎夏、町内の広い範囲の田にスタークル散布が続いている。手元にあった斑点米実物を取り出して見てもらった。「問題なのは、1000粒中2粒の斑点米があると米の等級が下がってしまい、60kg当たり1000円ほどの価格低下があること」と話し、農薬依存から脱しきれない現状も知らせた。

ネオニコに絡む最近の動き、例えば日弁連が出した意見書や、最近公表された欧州食品安全機関の科学的検証の内容などについても質問の渦に。なぜこれまでたいした問題にならずマスコミで低調なのかということも話題になった。これは大問題だと改めて言う人もいた。さらに論議は県内の有機農業の行方や農業政策にまで及んでいった。

この他、実際の体験として、試食というほどでないが食パン片に蜂蜜をぬって味わってもらった。独特の香りがあり甘くて濃い、おいしいとの感想だった。

後日、参加者からの感想として寄せられたものの中には、「ミツバチの暮らし方に感動し、人間生活に生かせるものがあるように思いました。また、農薬の怖さにも改めて考えさせられるものが」というのがあった。

X-day が来た。しかし……

4 月20日

ついに X-day、つまり分蜂(ぶんぽう)の日が来た。今年最初の分蜂（第 1 分蜂）なので、それまでの女王バチが約半数に上る手勢を連れて別の住処に移るはず。残された巣は娘女王と居残り組が引き継ぐことに。

X-day を 2 日前くらいと予想して待機していたのだが、いずれも空振りだった。昨日などは巣門に集結したミツバチの動きが異様に活発になり、羽音がうるさい。あたりをでたらめに飛びまわるものもいて、いよいよ分蜂の時が来たかと思ったことが三度もあったが、結局は収まって静かな夜を迎えていた。分蜂に向けて参加要員のトレーニングあるいは予行演習みたいなことをしているのかと思った。

今朝も快晴で風も弱い。8 時半くらいに巣門付近が急ににぎやかに。時騒ぎにしては早い時間だ。20 分も経った頃、ミツバチの群れが巣箱の内側から次々に押し出されてまるで湧き出すかのよう。巣箱前面や地面にまでハチがあふれる（上の写真）。これはいよいよ本番だと、ピーンときた。舞い上がってあたりを飛びまわるものも数知れず。唸るような強い羽音が仲間同士を鼓舞するかのよう。めったにないチャンスなので、用意のレコーダーを取り出して録音し、カメラで写真と動画も撮りまくる。

ハチたちは庭一面を飛びまわり、木々の間を探索するかのような行動のあと、9 時半頃には近くの松の木の高いところにある枝に集結した。仮の宿りである蜂球を作ったのだ。昨年はハシゴをかけてその蜂球ごと回収することができたが、今回、留まっている枝まで 10m ほどもあり、松葉や枝で囲まれていて、分蜂群を採るのは諦めざるを得ない。近くに回収のための集合板やキンリョウヘン（蘭）の鉢を置いていたが、残念ながら役に立たず。留まり場として最適の天然素材である松の枝には敵わなかったようだ。

ところが、思いがけないことが。この蜂球がみるみるうちに崩れて、またあた

巣箱から湧き出るようなミツバチの群れ。地上にも群がっている

松の枝に出来た半球状の蜂球

りは騒乱状態。なんと、出てきた元の巣箱に続々と戻っていくではないか。分蜂の際に女王バチが出遅れることもあるそうで、その場合は働きバチが集団でお迎えに戻ると聞いたことがあった。分蜂の時に臨んで女王はダイエットしてスリムな体になるというが、減量が間に合わなかったのか。時には女王が自分の巣箱から出るのを嫌がることもあるとか。そんなことをぼんやり考えているうち、今度はまた、巣箱内側から吹き出るようなハチの大河の流れ。いよいよ女王も説得され（?）お出ましかと、群れの飛び行く方を見た。やはり今度も松の枝に蜂球を作って定着（下の写真）。さっき止まったところの近くで、今度も手が出せない場所。蜂球も前よりは大きい。双眼鏡で女王を確認しようと試みるが、分からず。

この群れは1時間ほどそこにいたが、ついに北東の方向に群れで飛び去って行った。蜂球を作ってそこから偵察隊を出しよい住処を探すといわれる。だが、既に下見をしている場合は長居をしないとも聞く。私は双眼鏡をもって後追いし、飛び去る行方を確かめようとしたが、群れがばらけたように薄く広がっているので、全体の動きがつかめない。「どこかで生きながらえて」と念じながら見送った。

ワイ、ワイ、Y-day

4 月25日

蜂球を捕獲

快晴。昨日は庭に一つあるニホンミツバチの巣箱に、今年初の分蜂（ぶんぽう）が起こった「X-day」だったが、飛び出した群れの確保に失敗した。その翌日の今日を、「Y-day」とでも言おうか。その日のうちに思いがけず２回にわたる分蜂（第２分蜂と第３分蜂）が起こり、私と妻Ｙは右往左往、ワイワイと走り回らされる羽目に陥った。結局は２箱分をゲットできたのだが。

11時過ぎに巣箱から今日の最初のハチ群の噴出を発見。その群れは例によってあたりをランダムに飛びまわってのち、近くの松の木10mほど上にとまった。昨日と同じく手が出せないほど高い。毒づきながらも手をこまねいて見上げるだけ。だが15分ほど経った時、蜂球が端からほどけていき、無秩序な霞（かすみ）となった群れはゆっくり動き出し、近くの背丈の低い杏子（アンズ）の木の枝に再び集結した。

今度はほんの２mほどの高さなので、妻とともに捕獲作業に入った。杏子の枝々がいろんな方向に張っていて足場の悪いところだが、お目当ての蜂球は比較的取りやすい位置にあった。そこで、一気にポリゴミ袋に塊を落とし込み、用意の空の巣箱にはたきこんでフタをした。まだ残りのハチが入ったままの袋は入口近くに置いたところ、ミツバチが続々とはい出て、惹かれるかのように、狭い巣門から内側に入っていった。これは女王が巣箱の中に確保されている証拠、「シメタッ！」と思う。あたりを飛びまわっていた迷いバチたちも次第に巣箱の中に自ら入っていった。そこに暗くなるまで放置することにした。

そうこうしているうちに1時過ぎに。なんとまたも元の巣箱で群れの噴出さわぎ。この時小織さん夫妻が庭に様子見に来てくれて異常を見つけてくれたのだった。私は、分蜂がこんなに連続することがなかなか信じられなかった。巣別れした群れの行き先は、やはり高い松の木だった。だがそのうちにばらけて移動した。

私たちは霞の後を追いかけた。すると、ごく近くの大きな駐車場の土手の近くまで移動したのを小織さんの奥さんが目ざとく見つけてくれた。霞のような大群はサンショの木の根元近くの太い枝に集結していき、オートフォーカスのカメラのファインダーをのぞいた時のように、焦点を結んでいくかのようにして見事な蜂球が現れた。その塊を小織隊長がポリ袋に落とし込み、持ち帰って木箱の中へ入れた(下の写真)。

ハチに振り回されて疲れる一日だった。昼めしをとったのが2時半だったか。捕獲した2群のうち、後で獲った分は、かねてからミツバチを飼いたいと言っていた小織さんの家に引き取られた。最初に獲った分は、夜になって私どもの家の前庭に移した。

しかし、悔しいことにこの前庭に置いた新しい群れは、翌日の午後に逃げて行った。これで3度目の苦い経験だった。

捕らえたニホンミツバチの群れを巣箱に移す

ハチのこころと春の空

5月1日

和バチ（ニホンミツバチ）を飼うこの辺の者にとって、ゴールデンウィークも末になると、心落ち着かぬ時期も終わりになる。捕獲した分蜂群の箱を数えたり「逃がした群れは大きかった！」と悔しがったり。来年に向けて新たな工夫を考えることも。振り返ってみると、今年は、ミツバチに普段と違う珍しい行動も起こり、そのこころが読めなかった。春とはいえ、寒くなったり急に夏みたいに暑くなったりで、気候が不安定だったのも一因か。コロニーを実質的にリードするといわれる女王付きの宮廷バチたちも、いろいろ微妙な判断を強いられ戸惑うことも多かったのでは。

私が用意したもろもろの捕獲対策も有効だったとは言えない。例えば分蜂集合板。これまでいろいろと試みたが、今回も実績を作れなかった。使っている人たちからは高い成功率だと聞かされるのだが。ハチ寄せに定評があるキンリョウヘンの花も、今回はあっさり無視された格好。ハチにとって高い松の木が最高に魅力的で安心できるところなのかも（写真）。

今年最初の分蜂の時に起こったような出戻り（いったん出た分蜂の群れが、しばらくして元の巣箱に戻ること）も興味深い現象だ。「大奥」物語になぞらえて、腰の重い御台所（女王バチ）と円滑な引っ越しを進めたいお局（宮廷バチ）たちとの間の駆け引きなどと、つい俗っぽい空想をしてしまう。また、いったんは高いところに蜂球が作られ私らが諦めかけた時に、意外にもすーっと下方に降りてきた今回の例も面白い。蜂球は間に合わせの中継地点でもあるようだ。

１日のうちに２回も続けて分蜂が起こったことも不思議だ。土地の人の話でも、第２分蜂と第３分蜂は前の分蜂からそれぞれ１～３日を置くとのことだった。私のここ数年の経験でもそんなところだと思っていたが、今年は違った。ハチ友らの話をまとめても、１日のうちに続けて起きた例が、私のところも入れて３件。皆さん方も不思議がっている。王女姉妹がほとんど同時に羽化するケース

松の梢のあたりを乱舞する分蜂群

があるというがそれが起きたのだろうか？それでいて平和的に双方が旅立つというのが、ちょっと理解しがたい

捕獲群が日を置かないうちに逃げ出すことはよくあることだが、これをやられると強く印象に残る。私が午後の散歩にちょっと出て帰ってきた時には、箱は空っぽ。巣板も作らず砂糖水の給餌は食い逃げしていった。採蜜から帰ってきた働きバチ１頭が、仲間を失って心細げにうろついているだけであった。

でも、まだ巣箱の中は温かい。「吉良殿」ではないが、それほど遠くに逃げてはいないと思って近くの木立を探してみた。すると薄い煙のようなものがつむじ風みたいに巻きながら遠ざかっていくのが見てとれた。追っかけたがすぐ見失ってしまった。つい１時間前は巣箱の出入りはごく普通の感じだっただけに、残念。私が散歩に出たのを見計らって一斉に逃げたような格好で、悔しさも感じた。だが彼女らにとってもっといいところがあるのだろう、と思うことにした。

分蜂群が定着しない理由としてよくあげられるのには、同じ箱で一緒に暮らした親族と餌場が競合しないところへ去るという説。他にも、女王が不在の群れ（無王群）は不安定で逃げやすいという説がある。だが経験不足で私には今回のことがよく整理がつかないままである。ハチのこころは分からない。

分蜂祭（ぶんぽうまつり）を終えて宿題もらう

5月8日

春の分蜂の時期も終わった。今年の春3回の分蜂は、個人的には年に一度のワクワクするお祭り騒ぎだった。だが後に気になることがいくつか残された。

一つは、分蜂と音の関連についての関心が呼び起こされたこと。セイヨウミツバチでは、羽化した時の新女王の鳴き声が次の分蜂開始を知る手掛かりになるらしい。最近、ハチ友のＩさん経由で、友人の養蜂家が記録した処女王バチの鳴き声の貴重な録音コピーをいただいた。そのセイヨウミツバチ女王は、鶏の鳴くようなかん高い威圧的な音を発する。シーリー博士の本(*)でも、最初に羽化した処女王がプープーと高い音で鳴き、まだ王台の中にいる妹がガーガーと低い音で応えるとある。この姉妹の間の「会話」のあと、平和な巣別れ（第2分蜂など）に至ったり覇権を掛けた身内殺戮になったりするというドラマチックな展開は、多くの人に語られてきた。

今回の分蜂時に巣門付近でマイクに拾い集めたにぎやかな音には、普段と違う高い音（高周波）が乗っているように思えた。シーリー博士の本にも、分蜂への飛行に備えて、働きバチが高い音を出して周りの者たちを飛行態勢にもっていくといった記述がある。先の女王の鳴き声のような情報は望むべくもないが、分蜂の真最中の音データの解析は、時間がかかってもやってみたい。

二つ目は、出て行った分蜂群の「その後」について思うこと。三女にあたる新女王が受け継いだ「本家」巣箱は、今のところ安定している。盛んに花粉を抱えて働きバチが戻っているので、産卵が順調のようだ。もちろん、結婚飛行も無事終えたのだろう。この時期はツバメの活動も盛んで、ミツバチは格好の餌であり、特に飛び方の遅い女王は捕食される危険がある。女王がツバメに捕らえられればもうコロニーは続かない。ツバメさんたち、どうぞお手柔らかに！

今回の分蜂群でその行方がはっきり分かっているのは、前に書いたようにミツバチまもり隊小織（さおり）さんの家に引き取られた一群。既に分蜂時から3週間は経っている。その巣箱の中の様子が分かるメールが送られてきた(写真)。巣箱の下方からスマホを入れて撮影したもので、鮮明に撮れている。中央付近に黄色の盛り上がりがあり、巣板がかなり出来ているのが分かる。群れの中にところどころ黒い腹部が見えるのは雄バチ。女王の姿が見えないが、産卵で巣の奥に入り込んでいるのだろう。我が庭から出て行った群れでも、このように消息が分かり成長を見ることができるのは楽しい。

重箱式巣箱の下方から見る。分蜂から1週間の時点のもの(小織さん撮影)

巣別れで出奔し行方知らずのものたちはどこでどうしているのだろうか。出て行った方向としては北の方というのが大体は共通している。その方向に山があるのでそこに行ったのかもしれない。だが、町の中に留まっている可能性もある。マキノ町海津では、数年前のことだが、空き家の縁(えん)の下にあったニホンミツバチの自然巣を熊が襲ったことがあったが、空き家のため発見が遅れた。県下でも近年は空き家が増えて管理上の問題になっているところもある。人の干渉がなく荒廃していく家屋はミツバチにとって都合よい隠れ家だ。近ごろでは、空き家(特に廃屋)の前を通る時には、ミツバチの姿がないかとつい熱心に観察してしまう。

＊**シーリー博士の本**：トーマス・D.シーリー著、片岡夏実訳『ミツバチの会議　なぜ常に最良の意思決定ができるのか』築地書館、2013年

サクランボの木がたわわに実る頃

5 月12日

裏庭のサクランボの木に実がつき、鈴なりになって赤く熟れた（写真）。こんなに豊かに実ったことは近年なかった。昨春には近くに巣箱が置かれてなかったのだが、今年３月の頃は、我がミツバチ外勤部隊が採蜜で入り込み活躍した（96ページ）。それで、受粉が十分にできて、文字通り実を結んだのだろうか。赤と緑の補色が鮮やか。赤色が認識できる鳥たちの目を惹くはず。実際、捕食に来る鳥たちでにぎやか。そして我が連れ合いまでもが、ジャム作りめざして小鳥たちと熟れた実を取り合うのに忙しい。少し前の受粉の頃にはミツバチたちを惹きつけ、たくさんの実を結ぶとこんどは小鳥たちに食べさせて種を遠くまで運ばせる。サクランボのその生物学的戦略はみごとに当たっている。

庭のサクランボの木

小鳥を惹き付ける赤い実

一方で、分蜂群捕獲の用がなくなり表庭にキンリョウヘンの株の鉢を放置していたら、こちらにもポツリポツリではあるが訪問者が来た。まぎれもなくニホミツバチだ。傍に木の巣箱を置いたら（次ページの写真）、それに関心が移ったのか、内部に入り込みを点検するものもでてきた。

どこかの巣（あるいは蜂球）からたぶん舞い戻ってきたと思われるニホンミツバ

チが、空からカーブを描きながら直接に箱の巣門へ飛び込むのを目にすることもあった。ここまでくると、ひょっとしてミツバチ一家の転居先になるかとの期待を抱いたが、後が続かず、引っ越しはなかった。残念ながらミツバチの「新居選択会議」で不採用になったのかも。

以前、サクランボがその白い花を咲かせた3月の頃、EFSA（欧州食品安全機関）が、ハチ類に害を与えるネオニコチノイド農薬について評価報告書を出したことを書いた（96ページ）。その後日談になるが、4月27日に、ミツバチ（ヨーロッパの？）への朗報がもたらされた。EFSAが公開した調査結果の答申を尊重して、EUの執行機関であるEU委員会は、28か国の投票によりネオニコチノイド3種の屋外使用禁止（暫定ではなく）を決定した。禁止の内容については、まだ不完全・不十分な点が指摘されるが、長年の懸案が解決方向に動いたのは歓迎すべきこと。

以上はヨーロッパ（EU）内の動向であるが、ネオニコは世界的な広がりがあり、各国においていくらかの規制がなされており、いっそうその傾向は加速されると思われる。ただし日本国内で問題解決に動くかどうかだ。

空の巣箱の前に置いたキンリョウヘンの鉢

ハニーウォークに出かけた

5 月20日

5月晴れで風もさわやかな土曜日、私たちが「ハニーウォーク」と呼ぶ散策に出かけた。昨年秋の同様の企画は台風のため中止だったが、今回、「ミネモリサンチ」を屋号とするMさんご夫妻の協力で実現。今日のイベントは「滋賀県いきものふれあい室・生物多様性保全活動支援センター」の主催で一般参加型。5月観察会のテーマは「ミネモリサンチのミツバチと田屋城址散策」というもの。この日の会だけ共催(支援)という形で、ミツバチまもり隊から隊長の小織さんと私を含め3名が加わった。リーダーの青木先生とスタッフ1名を加え参加者総勢18名(そのうち、小学生、中学生各1名)。

山の端にあって雑木林や水田を含む広い敷地の内に案内され、早速あたりを見学。ウサギ2羽や鶏のウコッケイ10羽ほどが飼われていてにぎやか。「ホルン」と呼ばれる1頭のヤギも、柵の中からであったが差し出される草を次々に食べて、たちまち人気者になった。雑木林にも足を踏み入れ、青木先生から植物の名前や植生などの説明を受けながら散策。昆虫ではハナアブやマルハナバチなどはいたが、ニホンミツバチは遠征中なのか花に停まって吸蜜している姿は残念ながら見られなかった。Mさんによると、昔はミツバチがワーンワーンと騒がしいほどいて飛び交っていたが、5年ほど前から少ないとのこと。熊も近くの山にはいるが、熊を嫌って排除するというのではなく、万一に来てしまったら仕方ないというお話も印象的だった。

本番の一つであるミツバチタイムでは、まず貸与の面布(防虫網)を身に着けるところから始まった。庭の隅に2台のニホンミツバチ巣箱が置かれている。忙しく出入りする働きバチの様子をすぐそばで観察でき、参加者たちは引き込まれるように見入っていた。(上の写真)。その後は、ミツバチについての紙芝居形式のクイズで理解を深めてもらう試み。私も説明役のひとりとして参加し、最近分かってきたミツバチのダンスのメカニズムなどをコメントした。

かわいい見学者も一緒に

昼食後に近くの田屋城址へ向けて出発。山道は険しいというほどではないが、昨年秋の台風の爪痕か、根元から引き倒された大木が近くに横たわっているところもある。青木先生が毒を持つ植物として指し示したハナヒリノキのところでは、蜂蜜に花の毒が入るかどうかという話が盛り上がった。マダニ（死に至る場合もある）やヒルに注意してと声がかかる。マダニに咬まれて発病し苦しんだというスタッフの女性の話は参考になった。高度が上がっていくと、S字形カーブに竪堀や土塁などの遺構が見て取れるところがあり、脚を休めながらリーダーの説明を聞く。この山城は本格的な造りだったそうで、戦国時代の頃に浅井氏小谷城の支城として重視されていたというのもうなずける。

田屋城祉から琵琶湖を望む

やや急な坂もあり呼吸が荒くなったところもあったが、出発から約30分後に海抜300mになる城址に着いた。湖対岸の米原・長浜までよく見える（下の写真）。竹生島がいつもよりも手前寄りに見えるのは、高いところから見ているからだろう。ちょうど田に水が張られる時期で、水鏡が空を映して美しい。私が住むマキノ町湖岸の集落も見え、我が家の屋根も双眼鏡で確認できた。この日、一日中お天気に恵まれ気持ちの良いハニーウォークができた。

初夏の蜜搾り

5月25日

庭のニホンミツバチの巣箱で、4月に3度の分蜂(ぶんぽう)が起こり大群が出て行った。その後の巣箱は広すぎるにちがいない。ニホンミツバチによる管理が行き届かないところがスムシに侵略されがち。そこで、巣箱の上方（1段目の箱枠）を切り離すことにし、そこからの蜜搾りをすることを思い立った。私の相方として妻Yを抜擢し、たまたま帰省していた長女を写真撮影班に任命。家族だけでの蜜搾りは初めてのことだ。

例の装備（面布に手袋、白い厚手の服）で身を固め、夕方近くまで待って出陣。巣箱は移動させず置いたままの位置で作業にかかった。まず天板を切り離すと蜂蜜を含んだ7枚の巣板が詰まっているのが目に入る。ついで1段目の箱枠の下の隙間に針金ワイヤーを差し込み、両手を使ってしごきながら手前に引き寄せて巣板を切っていく。ワイヤーが時どきひっかかって動きが停まることも。時として主導権を奪おうとする相方Yの口と手を不器用にかわしつつ、何とか最上部の箱枠をとりはずせた。新しい天板を納めて第1段階は終了。作業はほぼ順調にいったが、途中ハラハラする場面も。うっかりして巣箱をずらしてゴトンと大きく揺らしてしまい（それも2度も）、中にいるハチたちが怒って騒ぐのではと焦ったこともあった。

取り外した箱枠1個には働きバチがまだ残っているので、巣箱の入口近くに箱枠を置いてやった。すると不安げに居残っていたハチの百頭ほどが、なんだかあっさりと職場放棄して、そそくさと元の巣箱に戻っていった。10分くらいの間には箱枠にハチがほとんどいなくなった。後はそれを家の裏に運んで内の巣板を取り出す作業。ここからは妻Yが得意とするとこ。巣落ち（夏場の高温の時にロウでできた巣が落下すること）を防ぐため箱枠の中に張ってあった緑色のビニル被覆鉄線の数本を抜き取ると、がぜん作業はやりやすくなる（上の写真）。

巣板から切り出した断片は金ザルに集め（下の写真）、さらに細かく砕いてお

蜂蜜を含んだ巣板を切り出す

蜜ブタを被って巣板にたっぷり収められた蜂蜜。金ザルに入れて採る

く。滴り落ちる蜜はリード紙で濾過（ろか）してホウロウ鍋に集める。夏場は1日半ほどかければ蜂蜜をほぼ回収できる。結局、純粋蜂蜜2Lほどを採取できた。春の分蜂で大量に蜂蜜が持ち出された影響か、収量は前回の7割くらいと少なかったが、より濃厚な感じ。トロリとした琥珀色の液をひとサジすくって口に含むと、独特の良い香りと濃厚な甘味が口に広がる。

しかし、蜂蜜を得ても食用にしていいかどうか考えるべきことがある。ボツリヌス菌が芽胞（がほう）の状態で蜂蜜に含まれていることがまれにある。消化管の未発達で芽胞を除けない1歳未満の乳幼児に蜂蜜を与えるのはリスクがある。ただし、ウチに該当者はいない。次のチェックはトリカブトなど有毒植物からの花蜜が来ていないかという点。だが我がミツバチが飛ぶ範囲ではまず危険な花はない。残る問題は、近くの水田に撒かれた残効性農薬ネオニコの混入の可能性。昨年（2017年）の千葉工業大学の研究では、東京都と8県から採取した蜂蜜73サンプルすべてにネオニコ系が検出され、28製品のうち18で農薬残留基準（暫定）を超えたという。ただし、十分低濃度なので直ちに健康に影響することはないと報じられている（どこかでよく耳にした文句！）。自家用とはいえ、しかるべきところで定量分析（有料だが）をしてもらった方がよいのかと、また新たな悩みに直面してしまった。

どこからか来た分蜂群、松の枝で一夜を明かす

6月3日

昼過ぎのこと、前の家の庭で騒ぎが起きたらしい。呼ばれて見に行くと、2000頭ほどのミツバチの群れがほぐれながらも大きな円周を描きつつ飛びまわっていた。ウチの巣箱のミツバチ嬢たちが遠征して暴れているのでは、と一瞬思い「お騒がせを……」と言いかけて思いとどまった。そんなはずはない、さっき巣箱をみた時は軽い「時騒ぎ」があり、それも終わっていたから。でも、大阪府のS先生から夏分蜂（57ページ註参照）が起きたとのメールをもらっていたことをすぐに思い出した。この地でも夏分蜂の季節になって、どこからか出てきた群れなのかもしれない。5分も経たないうちにその群れは庭の隣の砂浜に移動し、やがて松林の中の1本の樹の枝に集結して塊（蜂球）を作った。

その蜂球から時どき2、3頭が出て行き、また逆に戻って来るのもいる。この連中は探索バチで、新しい住処候補を探しに出ているのだろう。ところでこれまで住み着いていた巣は一体どこだったのだろうか。たいていは蜂球を元の巣の近くに作るので、あたりの探せるところを当たってみた。怪しいと思ったのは浜に置かれた古い倉庫だ。管理が悪くあちこちに破れ目があり瓦も一部が落ちている。ミツバチの自然巣が出来ていそうな場所だ。ただ残留組のハチの出入りがあるかと探したが確認できなかった。

松の枝の蜂球を眺めているうちに、それが捕獲できそうな位置にあるように思えてきた。脚立と手網があればいけそうだ。ただ、すぐ近くの浜に子供連れのキャンプ客などが遊んでいる。分蜂の時のミツバチは概ね大人しいのだが、それでも多数で飛びまわられるとパニックになる人も出てくる。ここは諦めざるをえなかった。

後は、この群れがいつどの方角へ飛び立つのか見届けようと30分を置かずに度々見に行ったが、連中は居座り続けてついに夕方になった。暮れてきてもハチたちの動きはなく、湖面の上に上った満月が、枝に眠る蜂球を見守るかのように

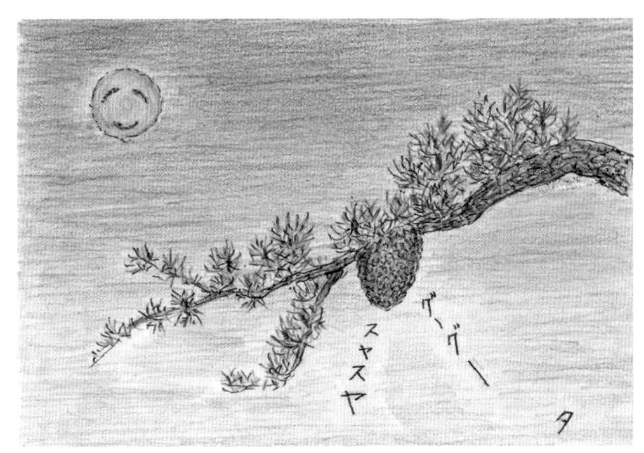

柔らかい光を投げかけていた。

翌朝6時過ぎ、昨夜のハチが気になり松林を見に行ったら、まだ松の枝に静かに留まっていた。こんなに長逗留の蜂球をこの地で見たのは初めてのこと。これまでの経験では、たいていは30分でどこかへ飛び去ってしまう。長くても4時間くらいが最長だった。しかし、前に神戸市にいた時、JR灘駅の近くで植え込みのビワの木に蜂球が留まっているのを見つけたことがあったが、それは2日ほど動かなかった。時間をかけてよりましな候補地を選ぶのはよいが、長居をしすぎるとスズメバチなどの天敵襲来や天候の悪化などのリスクも増えるので、兼ね合いが大事。ダンスで新居の最適候補を決める場合、同じくらいに魅力的な候補地が複数あると選定の決着がなかなかつかず、出発までに時間がかかるといった例もあるとはいう。

飛び立つ瞬間を見たかったが、あいにくこの日は家族旅行に出る予定。後ろ髪を引かれる思いでその場を立ち去った。翌日の昼に帰宅するとすぐに見に行ったが、蜂球は跡形もなく消えていた。どこに行ったのだろうか。多分じっくり候補地を選定して、気に入ったところに入居していったのだろう。

急な夏分蜂(なつぶんぽう)に振り回された

6月11日

6月8日朝、薄日さす8時半頃、妻Yが庭に妙な音がすると言い出した。そのうち裏庭で騒ぎになっていることが分かった。ニホンミツバチの巣箱に分蜂が起きたのだ。去年の我が家の夏分蜂（57ページ註参照）は7月の初め頃と記憶していたので、こんなに早いとは思わなかった。しかもこの日、私は昼から神戸に出かけざるを得ない用事があり、朝から準備すべきことが貯まっていたので慌てた。庭に飛び出してみると、飛んでいるうちの1頭が近寄ってきた。前の時もそうだったが、蜂蜜を満タンにした体が重いのか、私の肩を借りて一服したいようだった。だが、こっちも群れの行方を探るのに忙しい。体をひねって「肩透かし」してやった。

まとまりがはっきりしないハチの群れは、隣のコンクリート2階建ての屋上付近で飛び交いながらも停滞し、あちこち模索している様子。やがて移動して、2軒隣りのSさんの敷地にあるサクランボの木の上にまとわりついた（下の写真）。そこはセカンドハウスとして使われている家で、あいにく家主のSさんは不在だった。しかし、我が資産（？）の一部を流失しかけている緊急事態にあるということで、後ほどにお詫びを入れることにして、庭に入らせてもらった。ハチの群れはみるみる固まっていき、樹の幹の下方で帯状の塊になった。いつもながら、群れの統率が効いていることには感心させられる。

分蜂群が集合場所を模索中。ターゲットはサクランボの木？

そのサクランボの幹の円周が30cmほどのところに、厚手の毛糸の靴下を穿いたような格好になった（次ページの写真）。そ

木の根元に集まった分蜂群。ニットの厚手のソックスみたい

して樹の根本付近を移動中の女王バチを一瞬だが見てとれた。セイヨウミツバチと違って、体は他の働きバチとそれほど変わらないが、腹部が大きく長くて色が黒っぽい。

この帯状になったハチの集合は珍しい。私は初めて見たタイプだ。午後に雨が近い時だったので、傘状の樹の内側で最も濡れにくい中心部(雨傘でいえば中棒またはシャフトと言われるところ)に雨宿りするつもりなのか？　それとも探索バチのためにダンス・コンテストの舞台として見やすいところを選んだのか、などと空想をたくましくした。だが問題は、いつものような枝からぶら下がった半球状の蜂球と違って、とても捕獲しにくい形になっていること。

妻Yと思案し相談の末、幹の両側から二つのポリ袋をそれぞれ突き上げるようにして群れを削ぎとることにした。例によって働きバチ同士がスクラムを組んでいたので、ドサッと固まって袋に落ち込む。それでも逃げた分は、再度集まったところでもう一度回収作業をやりなおした。近くに置いた巣箱の中に袋の中身を傷付けないように落とし込み、最後に天板をかぶせた。箱の外にうろうろしていた者たちも、箱の下部の巣門から次々と中に入っていく。なんとか昼までには新しい巣箱に取り込むことができた。

捕まえたハチの量が多かったので、恐らく今回の分蜂で出てきたのは母女王バチと大勢のお付きのご一行だろう。母バチならずーっと以前に交尾が済んでいるはずだ。新しい箱に入って早くも3日後には、朝から花粉の運び込みが頻繁になった。安定した産卵が始まったのだろう。のぞき窓から見ると造成中の巣板らしきものが見えてきた。

元の巣に近いところで分蜂の群れを飼い続けることに何度も失敗してきたが、今回が初めての成功例。捕まってすぐに天気が悪くなり、他へ移動する機会を失ったのかもしれない。

2回目の夏分蜂

6月18日

6月16日昼頃にまたまた夏分蜂（2回目）が起きた。分蜂の時は羽音から、通常の活動とは違うことが分かる。巣箱を飛び出したハチの群れが庭全面を飛びまわり始める。いつもなら15分も経過すればどこかに集まって落ち着くのだが、今朝は30分ほども飛び続けていた。この日は風がやや強く秒速4mはあるようだった。群れがまとまらずなかなか収束にいたらないのは、風でフェロモン信号が撹乱されたからだろうか？

大きな渦のようにも見えるその中から、働きバチ2、3頭が飛び出して軒下に隠れている私の方に向かって来るのがいた。早速インタビューでもしようかと近づいた私を無視した彼女らは、軒先を点検し終わるとすぐに元の渦に戻っていった。それぞれのハチが遊んで飛びまわっているというよりは、真剣に何かを探しているといった感じ。情報を集めて吟味しているのだろうか。時間はかかったが、ハチの群れはそのうち隣の庭の杏子の樹を選んで集結していき、風の当たらないやや薄暗い根元近くの枝にきれいな乳房状の蜂球になって落ち着いた（写真）。

乱雑で混乱したような状態から一転して、皆がある1か所に集合し安定化するというこの集団行動のすごさには驚かされる。リーダーがいない中での集団意思決定はどうやって？　よくフェロモンを使うと言われるが音もあるのか、他の何かなのか？

蜂球そのものにも秘密が隠されているのだろうか？　よくある質問で「蜂球の中心（芯）に何が入っているの？」と聞かれる。ハチのそれぞれが枝に取り付き下方に塊を作るので、芯はない。裸の指を蜂球に突っ込んで探ると分かると、ニホンミツバチに精通していた久志さん（故人）は著作（*）に記している。

蜂球の外側（外皮）ではハチは6本の脚を使って縦と横にスクラムを組んでいるが、内側は縦方向にヒモ状に伸びてスダレ（縄のれん？）のようになっているとか。外皮の内側にあるスペース内には、探索バチが戻ってきて新居候補の情報をダンスで示すところがあると久志さんは解説している。蜂球を作っているハチのそれぞれの並び方については、頭を上にするニホンミツバチと下にするセイヨウミツバチの違いも記述されている。私もかつてセイヨウミツバチを一緒に飼っていた時があったが、その群れが分蜂時に作った蜂球はパイナップル状に長く、ニホンミツバチとは逆で確かにハチたちは逆立ちした並び方だった。

前回の夏分蜂（1回目）の際は、帯状になった塊からの回収に苦労したが、こんどは断然取りやすい状態。最近では私と妻は分蜂に慣れてきて、それが起こりそうだと判断すると、分蜂回収の装備と空の巣箱を引き出して待機する余裕がある。いつものようにポリのゴミ袋に球を落とし込んで巣箱に移し、翌日までその庭に放置した。

既にニホンミツバチ2群が我が家の管理下で生息していた。それらと元の巣箱を同じくする3群目がそのまま居付いてくれる可能性は低く、逃げ出す結果になるだろうと思った。少なくとも3群を養えるほどの蜜源が周辺にあるかどうか疑問だった。そこで養子にやる先を探した。希望を募ったところ、今津町のミツバチまもり隊会員が手を挙げてくれたので、そこに移住させることに。2日後、無事もらわれていった。

＊**久志さん（故人）の著作**：久志冨士男『ニホンミツバチが日本の農業を救う』高文研、2009年

杏子（アンズ）の木の枝に出来た蜂球

スズメバチ・トラップ

6 月24日

今の季節、雑木林に沿った道を自転車に乗って快適に飛ばしていて、よくぶつかりそうになるのがミノムシ。高い樹の枝から糸にぶらさがって空中に浮かんでいるのだ。こちらがうっかり口を開けていると、思わぬ味覚を楽しむ(?)ことになりかねない。次に多いのが飛行中のスズメバチ。それもかなり太いオオスズメバチだ。だが相手もたいていは驚いてくれて、あわてているのか攻撃モードからは程遠い様子。お互い平和的に別れることができた。しかし、初夏になると庭のニホンミツバチの巣箱付近にも天敵のオオスズメバチの姿が目立つようになった。

スズメバチ対策として、庭のサクランボの木の枝に 1 個のボトル型のトラップをつるしてみた(次ページ上の写真)。これがまたよくかかる。中の液の正体は、市販オレンジジュース、酢、日本酒それぞれ 150mL を混ぜあわせたもの。2 L 用のプラボトルに入れ、上の方の 2 か所に X 字型の切れ込みを入れている。切れ込み部は内側に少し押し込んでいるので、大型のハチは入りやすいが出にくい、まさにワナになっている。

スズメバチは女王バチが単独で一からの巣作りや、昨秋の交尾で貯えた精子を使って子作りをしている頃で、手勢(つまり働きバチ)が増えるのはまだ先のこと。秋口になって手勢が 50 頭から多くて 100 頭ほどにもなると、ミツバチにとって大脅威になる。そこで、今のうちに女王を駆除しておくと防御効果は絶大になるかも。

春からこれまでにこのワナにかかったのは、キイロスズメバチは数頭とわずかだったが、オオスズメバチの女王バチはなんと 42 頭もかかっていた。その中でも大きいものは体長 5 cm を超える(次ページ下の写真)。頑丈なフルフェイス・ヘルメットをかぶっているように見える顔の下部には大あごが隠され、腹部は鎧を着たみたいにガードされている。写真では見えないが尾部には強烈な毒のカクテルを注入できる毒針が収められている。

数年前の年、巣箱を狙う１頭のオオスズメバチを捕虫網で駆除しようとして逆襲されたことがあった。最初の一撃を外してしまうと怖い。逃げたと思って安心していると、折り返し超特急の一直線で戻ってきて狙われたのは私。彼女らの飛行速度は時速40kmととても速い。何とか気付いて体をかわし攻撃を回避できた。この時は油断していて顔を守る面布（網の付いた帽子）をかぶっていなかった。もし刺されるとただではすまなかったかも。

ペットボトル型のスズメバチ・トラップ

捕らえられたオオスズメバチ

しかし一方でこの獰猛なハチもワナにかけるのは気の毒な感じがする。ボトルの中で懸命に逃げようとしてもがいている姿を見ると気が咎める。スズメバチも昆虫が増えすぎるのをコントロールする自然界での役目があるといわれる。絶滅させて良いというものではない。ミツバチへの偏愛からの暴挙をやってしまったと心痛むことも。妻Ｙは、スズメバチさんも酔っぱらって往生するのだからいいんじゃないと言うのだが。

大雨に耐えて

7月10日

大雨の後の琵琶湖の浜(高島市マキノ町西浜)

6月末のことだが、琵琶湖対岸の米原市では竜巻が発生し、屋根がはがされる被害が200件ほど出た。その後、竜巻発生予報情報が当地方にも出るようになり、高島市の防災無線でもこれまで耳にしたこともないような竜巻注意を呼び掛ける臨時放送があった。黒い積乱雲や雷のさいは、堅牢な建物に避難をという。数年前までは竜巻はアメリカで起こることとしか思っていなかった。温暖化の影響がこのような形で定着してきたのかもしれない。

それからわずか1週間後の7月5日に大雨警報、洪水警報が当地方にも出された。その夜、私の携帯からのアラームに驚かされた。高島市域の一部に対しての避難準備情報だった。今回はすぐ近くの知内川にも「水防団」待機の指示があった。JR湖西線は早くから運休している。原発事故が起きた場合の避難道路とされ敦賀に至る国道161号も、降雨量が危険水準に達したということで通行止めとなった。

翌朝、家の前の高木浜ビーチに行くと、波打ち際は例になく大量のゴミが流れ着いていて、中には冷蔵庫のような大きな物もあった。オートキャンプ場の重機が登場して懸命に処理に当たっていた。普段は観光客の来ない西浜の1kmほどの湖岸は私のお気に入りの散歩コースの一つだが、そちらも波打ち際に沿ってゴミが貯まり、しばらくは手つかずのままの状態(上の写真)。湖に流れ込む用水路も流木やちぎれた葦などで埋まりそう。

あの豪雨のもとで当地マキノも危ない状況だったのかもしれないが、結果的には大事に至らなかったようだ。滋賀県には出なかったが、数十年に一度の大雨に出されるという大雨特別警報は、お隣の京都府や岐阜県、そのほか西日本の9県に相次いで発令された。今回の歴史的豪雨は全国で200名を超える犠牲者を出す大災害になった。

強烈な降雨が長時間におよぶので庭のニホンミツバチの巣箱も心配になった。そこで巣箱の屋根の波板を急きょ増設した。巣箱のつなぎ目などから浸水するのを恐れてのこと。庭が浸水するほどではなかったので、台座のかさ上げはしなかった。しかしこの雨が少し弱まると遠くへ飛び出していく働きバチがいる。餌集めは実質的に無理なお天気なのだが、何のためにか。まさか次の住処（避難場所？）を探す下見では、と疑心暗鬼にもなった。というのは、以前のことだが、梅雨時の長雨がやっと収まった後、庭に飼っていたニホンミツバチが「逃去」（33ページ註参照）したことがあった。ほとんど蜂蜜を残さないで忍者集団のように密かに行方をくらました。まだニホンミツバチとの付き合いが浅かった私は、茫然としてしまったのだった。

雨がかなり弱くなった昼下がりにミツバチの様子を見にいったら、巣箱の前がにぎやかになった。いつも昼下がりに起こる時騒ぎのようだが、激しさがある（右の写真）。分蜂か逃去の時を思わせるほどでちょっと心配であったが、30分ほどで落ち着いた。よく見ると、ちゃっかり黄色い花粉を持ち込んでいるのもいる。彼女らも、長く続いた悪天候で貯まったフラストレーションの解消で、激しく動いてみたのだろうか。

激しい時騒ぎ

レールも延びる酷暑のもとで

7 月18日

大雨が終わり梅雨明けになったと思ったら、今度は酷暑に責められることに。京都市では記録的な暑さで40°C近くになったという。ここ高島市でも連日のように「高温注意情報」が出されるようになった。マキノ町の湖岸に近い我が家でも、昼には気温が35°Cなどになることも度々だ。JR 西日本では、気温上昇で鉄道レールが熱膨張して、一部の区間で徐行や運行見合わせなどが起きた。その影響は湖西線にも及び外出を中止したこともあった。

この猛暑の頃になると、ニホンミツバチ養蜂家たちは巣箱に工夫をして、入口を４か所にして風通しをよくするとか、ヨシズを掛ける、保冷剤を入れるなどの対策をとる。私のところの庭に置いた２つの巣箱では、板状の保冷剤を凍らせたのを巣箱の天板の上に置いているが効果のほどは不明。夕方になると保冷剤も溶けて温かくなるので取り去っている。短いが直接陽光が当たる時間帯には、我が家なりの日よけを用意して影を作ってやっている（写真）。時には庭に打ち水などしているがすぐに干上がってしまう。エアコンの室外機（熱交換機）がたまたま巣箱の近くにあるので、困ったことに熱風源となる。そこで私はジレンマに落ち、冷房を入れて涼を取るか、冷房を切ってミツバチの適温環境を守るかで度々悩むことになった。

毎日の高温にめげず、巣門のテラスでは黄色い縞（しま）の体色が目立つようになった働きバチが、20 頭ほど常駐して旋風行動をやっている。皆で羽ばたいて巣箱の内側に風を送り込み続けているのだ。それへの手助けにと思いたったのが、先ほどの保冷剤設置だ。だが、ウチのミツバチには巣箱の天板に設けた通風用メッシュをロウでもってふさぐ傾向があり、保冷剤を置く前にロウをかき取っておいた。翌日見るとやはり新たにロウでふさいでいる。今頃のように熱い日々には通風孔があるのがメリットのはずと思うが、よく分からない。

先日、京都で持たれたあるセミナーに出席したが、地下鉄烏丸御池（からすまおいけ）駅から地上

ハイセンス(?)の日影で憩うミツバチたち

に出た時、蒸し風呂にいるような暑さに驚かされた。気温が実際には40°C以上あったのでは？　その会で会った一人の方が、飼っていたハチの巣箱が暑さで巣落ちし逃去したと嘆いていた。重箱式巣箱の中に支えの細い棒も入れていたが駄目だったとのこと。

巣の本体である巣板はミツバチ自身が分泌した蜜ロウで作られ、ハニカム構造のきれいで能率的な収納箱になっている。だが材質そのものがロウなのが裏目に出て、高温に耐えられなくなることが起きる。

試しに貯蔵していた蜜ロウのカケラを戸外に置いて気温での変化をみてみた。さすがに40°Cを超えるとロウ屑はしんなりとして柔らかくなってきた。蜜ロウの融点は60°Cより上のまだ高いところにあるのだが、既に40°Cくらいでは張力が落ち、巣板に収めた大量の蜜や幼虫の重さに耐えられなくなるのかも。ハチにとってもこのような異常な高温の気候は想定外なのか。というより遺伝子情報には対応策が用意されていないのかもしれない。

暑い日には読書

7 月22日

めったにそういう機会はないのだが、7月の祝日「海の日」に、京都のレイチェル・カーソン日本協会関西フォーラムのセミナーに呼ばれて、話題提供を行った。「ミツバチとネオニコチノイド系農薬」がテーマ。話としては、日ごろ「ミツバチ日記」で書いてきたことなどを少し詳しく説明した。

レイチェルは、DDT など化学防除剤による環境汚染について警鐘を鳴らした本、『SILENT SPRING』(1962 年刊。訳本は『沈黙の春』新潮社) を書いたことで世界中に知られ、世界を変えた1冊の本と言われる。その彼女はもともと海洋生物学者で、著作『海辺』などは既に 50 年代の米国でベストセラーになったほど。海の生物や自然についての深味のある解説が、波の寄せるようなリズムをもった美しい文章でつづられている。レイチェルは、生物多様性や食物連鎖など生態学の知識はもちろん、当時としては新しい発がんの機構や生理学にも造詣があり、その能力は『沈黙の春』に開花した。

新潮社発行の新潮文庫のうちから選ばれた「100 冊の本」が毎年公表されてきた (今年選ばれたのは、上巻・下巻の本も数えて110冊)。ほぼ毎回のように入っていた『沈黙の春』が今年は抜け落ちたと、協会関西フォーラムの方は残念がる。だが、現代的な本によって100選から押し出されたとはいえ、レイチェルの本はその価値を失わない。現在でも当時と似たようなことが繰り返されている。今問題のネオニコ農薬が、人にはほとんど無害と言われ「夢の農薬」とされてきた現実があるが、DDT が登場当初は人に無害と言われてきたと彼女の本にもある。文明批判と言ってもよい彼女の警告は、今も、いやむしろ今の方が切実に響く。

一方、私が最も関心をもつミツバチの方に目を向けよう。ドイツで活躍してきたフォン・フリッシュ博士は、ミツバチのダンス言葉などの行動研究でノーベル生理学医学賞を授与されている。かつて、ミュンヘンで行った講演では、殺虫剤

DDT など化学防除剤使用が、最終的に使用者（人類）をも犠牲にするとし、また原子力の平和利用といえども、私たちの生存空間の汚染を増大させる危険を内包していると語った。「人間は知能を持っていますが、しばしば、自分が作り出したものが、いかに理性を欠いたものであったかと気づくのに、遅きに失するのであります」（「昆虫－地球の支配者たち」1958 年）。

博士の後に続いた研究者らにより、ミツバチが学習や記憶、複雑なコミュニケーションなどをなす高度の神経系をもつことが証明された。そのミツバチの微妙なところを知らずに、たとえ微量でもネオニコなどの神経毒を使えば、死に至らなくてもコロニーに影響を与え、悪くすると崩壊にいたる。今やその辺のことが見えてきた。

ところで、フリッシュ博士の講演がなされた 1958 年といえば、レイチェルが、歯止めのない農薬散布により自然界に起こった危機に心動かされ、『沈黙の春』を書き始める動機になったと記された年だ。ちょうど同じ時期に 2 人の偉人が同様の警告を発していた。「自然に対し　もっと謙虚に！」という警告から半世紀も経った今、なおその意味は大きく重くなってきている。

今や「命に関わる」と言われるまでになった暑さ。こんな日にはもう一度、レイチェルの本を読み返してみるのもいいかもしれない。

今年も空からネオニコ散布

8月1日

8月1日、この日は近所の水田への農薬による航空防除が予告されていた。稲穂を吸って斑点米を作るカメムシの駆除法として、毎年この時期になされる。庭の巣箱のニホンミツバチのことを思えば、できたらやめてほしい年中行事だ。朝7時頃から、ラジコン・ヘリが高濃度の殺虫剤を納めたタンクを抱えて近くに回ってきた。私の庭に接する水田については、持ち主のご厚意で今年も散布対象からはずされたのは有難い。だが、ヘリでの農薬散布は広範囲に及びドリフト(空中浮遊分)の影響も無視できない。ニホンミツバチの行動範囲はほぼ4km四方に及ぶので、リスクがないとは断言できない。

痙攣(けいれん)しながら地上を這うミツバチ

働きバチを散布農薬から守るための対応策を昨日から考えていた。農水省が勧める巣箱の一時的移動も、この酷暑の中では危険だ。熱に弱いロウでできた巣板は振動で落ちやすい。散布最中にはせめて巣箱からハチが出ないようにするしかない。

当日の朝、私は4時に起きた。日の出前でまだ薄暗く、気温は25℃近くまで下がっている。ハチたちは巣箱の内に戻っていると思ったが、実際に見に行くと、まだ200頭ほどが箱の外にあふれて涼んでいる。もう一つの巣箱も同じ。やむを得ず、スプレーに入れた水を噴霧してかなりの部分を巣内に追い込んだ。ついで巣門を樹脂の網(メッシュ)でふさいだ。ハチは通れないが空気の出入りはできる。外に締め出されたものも10頭ほどいたが見切り発車。さらに麻袋を巣箱にかぶせて、ドリフトが来た場合の被曝に備えた。

近くの水田への散布が終わったのが7時半頃。しばらくは風向きなどの様子をみつつ、巣箱封鎖の解除のタイミングを待った。8時半になり思い切って巣門にはめこんだメッシュを取り去った。すると内側のハチが待ちかねたように出てきて外にいたハチたちに合流した。なかには離散家族同士の再会のようにハグのようなしぐさをしているのがいる。次には、採餌で青空に向かう働きバチの流れができていった。

その後、10時頃に巣箱を見に行ったら、働きバチ2頭が地面に降りて奇妙な徘徊をしていた。体を小刻みにけいれんさせながらでたらめに動き回っている（前ページの写真）。指先で触って脅しても反応がない。このようなことはめったに見なかった光景なので気味悪く感じた。直接に今回の散布と関係があるのかどうかは言えないが、記録映画で見た農薬による急性中毒の時の症状に似ている。もう一方の巣箱では巣門の前のテラスに2頭の死骸を見つけた。

一昨年の森林総合研究所などの研究発表によると、セイヨウミツバチに比べニホンミツバチは農薬特にネオニコチノイド系に対し感受性が高い、つまり1桁も薄い濃度でも害を受けるとある。しかもネオニコチノイド系農薬のうちでも比較的安全と言われていたジノテフラン（商品名はスタークル）に最も弱いという。今日の無人ヘリが散布したのもこの類だ。右の写真は昨年の散布時に撮ったものだが、機体両側の赤いノズルから噴出した霧状の液が白い影のようになって斜め後方に飛ぶのが認められる。このような散布過程で生じたドリフトがしばらく空間に滞留しあるいは拡散していくことを考えると、そら恐ろしくなる。

農薬散布中のラジコン・ヘリ。噴霧されたミストが後方に白い尾を引くのが見える

女系社会を生き抜くミツバチたち

8月6日

このところ、東京のある医大の裏口入学事件が話題にのぼり、そこで明らかになった女性差別の医学部入試は世間の人たちをあきれさせた。現役男子と1浪、2浪男子の受験生には加点するが、女子受験生にはせず、恣意的に女学生の合格者を3割程度に抑えたという。見えないダブル・スタンダードだ。ある報道によると、「男性は力が強い、長時間働ける、出産がない」とみての女性へのハンディ付けだったという。もしその大学の合否判定委員に女性教員が3分の1も居るようなシステムだったら、結果は変わっていたのではないか。

庭の2か所に置いている巣箱には、今のところニホンミツバチのコロニー（家族集団）が住み、それぞれ1万近い人口（蜂口）をもつ。コロニーのほとんどを占める働きバチは雌であるが、女王バチが出す女王フェロモンにより、自らの卵巣の発達が抑えられ出産はできない。彼女らは、女王や兄弟姉妹の世話をし巣を守り維持する働き手として、多数が生み出されてきた。今朝も巣門をのぞくと、収穫に出るもの、巣箱内に涼風を送るもの、巣門をガードするものたちでにぎやかだが、間違いなくいずれも雌バチだ（写真）。雄バチは体が大きめで、複眼も大きく尻は縞（しま）がなく黒いので見分けられる。

社会性昆虫といわれても、もちろんミツバチは人とは大きく異なる社会にいる。そのコロニーに専門学校みたいなものがあるわけはない。だが仮にあるとしたら、入学するのは雌だけになる。先の人間社会での差別の口実にされる「力が強い、長時間働ける、出産がない」の優先条件をクリアできるのは、ミツバチの世界では働きバチで決まりとなる。雄バチ（ドローンともいう）はもともと春から夏にかけてしか現れず、日ごろは他所のコロニーの女王バチの後を追いかけ交尾を狙うことしか関心がない連中だ。巣に戻れば「グウタラ居候」みたいで働きバチの厄介者になる。

ミツバチの社会では、年取った雌バチ（そういって悪ければ熟女バチ）が、危険で骨の折れる外回りの仕事(外勤)に出る。餌や必要なものを運び込むのはもちろん、新住処の情報ももたらし、尻振りダンス(8の字ダンス)で公開討論に加わる。これもミツバチの社会が女系社会と言われる所以であろう。

働き手はすべて雌バチ

ミツバチの研究がいろいろなされているが、その中で、以前、名古屋大学の研究グループがセイヨウミツバチについて面白い報告をしている(PLOS ONE誌、2007年)。それによると、ミツバチのコミュニケーション能力に関する神経系の発達は、働きバチが熟女になった頃にようやく完成するらしい。直接に触角の中のジョンストン器官から神経信号を記録して調べたところ、日齢(羽化後の日数。人の年齢に相当)とともに発達することが分かった。以前書いたように、福岡大学の研究者たちが脳内にダンス言葉を司る神経中枢を発見したことと合わせてみると面白い。ダンス言葉で会話ができるのは巣の内の誰でもというわけでなく、歳がいってベテランの外勤バチ同士ということになる。では雄バチではどうなのかというのも知りたいところ。

私もついに75歳になり後期高齢者の仲間入りとなった。これまでとは違う保険証を配布されて改めて凋落(ちょうらく)(?)の身の現実を想う。だが老人も捨てたものじゃないかもしれない。ミツバチみたいに年を取ってから誘導される能力が出てくるかも。

ミツバチは真似(まね)ができない？

8月23日

ミツバチの巣箱を毎日見ていると、巣内労働や時騒ぎのような飛行訓練、ダンスによるコミュニケーションなどが整然と繰り返されている。そこでは高度の社会生活が繰り広げられているように思える。それを成り立たせるのは何であろうか。単に本能だからということでは済まない。なにがしかの学習や合理的な意思決定の能力があるといわれる。

高等動物では、真似（模倣）をする能力があれば新しい行動様式が広まりやすいといわれるが、それが備わるのは霊長類かイルカなど海洋哺乳類、そしてせいぜい鳥類までとされてきた。ミツバチがいくらがんばってもとてもその域に達しないだろうと。ところが、ミツバチよりサイズが大きいマルハナバチについての驚くべき研究報告が、ロンドン大学の研究グループによって公表されている。

２年前になされたマルハナバチを使った行動実験では、隠れていて取れない皿（砂糖水が載っている）を、それに付いている長いヒモを引いて獲得することを覚えさせることに成功した。そのような道具的条件付けといわれる学習自体は昆虫にとって非常に難しい高度のものになる。それに続いて昨年には、マルハナバチが自然界にはない仕事を見まねで学習し、さらにそのやり方を自ら改良する知恵をもっていることをその研究グループが報告（Science誌、2017年）、たいへん話題になった。

実験の一つでは、黄色の小さなボールを転がしていきゴールに置けば砂糖水が褒美(ほうび)としてもらえるようなセットを用意した（イラスト）。ハチのような姿の蜂形モデル（人形ではなくて蜂形）が球を動かしていくお手本を見せると、すべてのハチが球を運ぶようになった。

この他、隠した磁石を使ってボールのみをゴールまで動かしその様子をハチに観察させ、他方、別のハチでは何も手本らしいものは見せずに実験がなされた。これらの実験の結果、ハチは他のハチを観察することを通じて、最も高い学習効果を得ることが分かった。また、うまく訓練されたハチは、３個の球がある場合にゴールの最も近くにある球を使って早く仕事を終えるという知能的で可塑性のある驚異的な行動も示した。

この実験で用いられたのは、体中が毛に覆われてずんぐりとした大型の花バチのマルハナバチであったが、ミツバチにもひょっとしてそのような模倣する能力があるのかもしれない。巣内労働や飛行訓練、ダンス会話などは、先輩働きバチの行動の真似ができれば格別に能率的なはず。マルハナバチのように体が大きくないのでボールを転がすことは無理だが、なにかうまい実験システムを考えれば証明できないだろうか。

先の実験を担当した研究者によると、「マルハナバチや他の多くの動物には、このような複雑な課題を解決するための認識能力が備わっているものの、そうした行動を余儀なくされる環境圧がかからなければ、それが発揮されないのかもしれない」と話しているそうだ。要するにハチ（ミツバチも含め）にとっては、当面の環境の下で日々の暮らしを十分やっていけるので、かなり追い込まれなければ新規なことをする必要も意味もないということなのか。

あと一息。
ゴールに置けば
砂糖水のごほうびだ！

台風の猛威がミツバチに及ぶ

9月6日

今季最強といわれる台風21号が近畿を縦断したのは9月の4日。21号は徳島県上陸後、神戸付近に再上陸、福知山を経て日本海へ抜けて行った。ちょうどその進路の近くにある我が高島市マキノ町では、午後になって強烈な暴風雨。やかましいほどの風の息吹があたりを威圧するかのよう。後になって高島市から、瞬間最大風速が毎秒35.5mと発表された。午後3時あたりがピークだった。

湖のある南方から礫(つぶて)のように勢いよく飛んでくる雨粒。松の小枝が飛んではガラス窓にたたきつけられ、バシッと激しい音。かつてなかった雨漏りが窓枠のあちこちに生じた。浜を窓越しにのぞいてみると、これまで見たことのない波頭が近くを暴れまくる。すぐ近くの電柱の間に張られている電線が大幅に揺れてちぎれそうに見えた。そして2時頃についに停電になった。ようやく夕方6時になって風が弱くなり、雨も止んだ。台風は日本海に抜けたとラジオのニュースは言う。

5日朝、晴れあがった空の下に、台風がもたらした爪痕があちこちにあらわに見えた。すぐ前の湖浜に並ぶ松の大木のうち、3本が途中から無残にも折れていた。松や庭木からちぎれ飛んできた小枝や葉が道路やあたり一面に散乱し車も走りにくそう。聞くところによると、マキノ町の東にある海津のあたりは、電柱が折れたり老舗の屋根が吹き飛んだりして相当な被害が出たという。

私はニホンミツバチの巣箱を守るために、台風が来る前に巣箱の上からロープを掛けて、脇に杭でつっかえ棒にし、ブロックの重しをつけておいた(次ページ上の写真)。その程度の準備であったが、2台の巣箱は嵐にも立ち続け持ちこたえてくれた。だが、残念なことが起きた。台風が去った翌日の5日、裏庭の巣箱が静かになり出入りがない。あわてて巣箱を開けて調べると、もぬけの殻の有様。きれいな巣板8枚が長く伸びているが、蜂蜜は一滴も残されてなくて幼虫もいない。無数の空の巣房が無表情に並んでいる。(次ページ下の写真)。

昨日はまだ大勢居たのを確認している。実際、上の写真にはミツバチの門衛が

台風に備えて補強した巣箱

ミツバチ群逃去の後の巣箱を開けてみた

10頭ほどで門を守っているのが写っている。逃去確認の数時間前に撮られた写真なのだ。台風の風雨が箱に当たり、そして多分水が浸み込んできたのがいやで緊急避難に及んだのか。

実は、表庭に置いた巣箱にいるもう一つの群れも怪しい動きをしていた。昼下がりに巣門付近で軽い時騒ぎがあるのは珍しいことではない。だが午前11時前での騒ぎは大いに怪しい動きだ。外に出て飛び回るものがみるみる増えていった。時騒ぎの一線を越えて分蜂か逃去の時のように激しい動きに移っていくように見えた。唸るような音も聞こえてきたので、これはまずいと思いスプレーの水を噴霧させ、ハチに向かって掛け続けた。しばらくすると群れは平静さを取り戻し、巣箱の中に戻っていったので少し安心。

夕方、約30時間ぶりに停電が終わり通常の生活に戻った。それまではエアコン、風呂、トイレ、洗濯機、IHに冷蔵冷凍庫が使えない。コーヒーミルもアウト。テレビ、パソコンももちろんだめ。情報はポータブル・ラジオに頼っていた。波乱の2日間が終わって明けての6日、未明に北海道で最大震度7の大地震が起きたと報じられた。「昨日の逃去はまさか地震予知ではないよね」と妻Yが言う。もちろん私は即否定。でもあれは不気味なタイミングだった。

63

ミツバチにも生きにくい環境になってきた

9 月11日

前回にも書いたが、猛威をふるった台風21号が去った後、庭に巣箱で飼っていたニホンミツバチが逃げた。右の写真は、空になった巣箱を横倒しにして内側を見た時のもの。はっきりした原因は不明だが、酷暑、台風、花蜜不足、スズメバチのしつこい襲来などがトリガーになったと考えられる。

空になった巣箱を横倒しにして内側を見た

台風の前日までは、働きバチらはいつものように花粉を運び込んでいた。キイロスズメバチの襲撃があれば巣箱前面に200頭ほど集合して、一斉に体を震わせ振身行動でもって対抗しているのを見た。逃去した日も朝方見た時は、門衛が固めていたので私は安心していた。それが急に全部いなくなったと分かった時は、フェイントを掛けられたみたいに頭が混乱していた。

後で冷静になって考えれば、これはかなり前から準備され、産卵をやめ、蜂蜜や蜂児を整理していることは明白。巣房の幼虫についても、セイヨウミツバチのように食べてしまう（全部でなくとも）ことをやったかも。計画倒産ならぬ計画逃去をやられたみたいだ。しかし、昆虫の身でありながら、厳しい状況判断をしてこれほど組織的に転出を成功させるのは、すごく知能的で驚くべきことではないか。恐れ入りました。

庭に残ったもう一つの巣箱の居住者ら（台風通過後に一度だけ怪しい素振りをみせた）は、今は何気ない顔で花粉を運び込んでいてまだ「決行」に及んでない。

だが、私は疑惑の眼差しで「彼女ら」をちょっと睨んでやっている。

我が家での逃去劇の一方で、以前に夏分蜂（なつぶんぽう）(57ページの註参照)で養子に出した一群でも最近になって不幸なことがあった。箱を置いた今津町の山里で順調に暮らしていると聞いていたが、8月末にクマに襲われてコロニーが消滅とのこと。送られてきたメールの写真には、無残に巣箱が破られ蜂蜜を含んだ巣板は抜き取られている様子が見てとれた(下の写真)。7月にも、今津町の別の山際に置かれた巣箱がクマに襲われたと聞いている。この高島市内のあちこちでもクマが山を下りて里をうろつくようになった。

地震や台風、酷暑などで災害列島と化しつつある日本で、クマ、ツバメ、スズメバチに農薬ネオニコチノイド、大気汚染のPM2.5など様々のストレスが重なり、ニホンミツバチにとっても生息環境はますます厳しいものになっているのを実感する。

クマに襲撃された巣箱の残骸(是永さん撮影)

ハギの花が咲いて一安心

9 月 16 日

ミツバチが花粉採取でよく訪れる百日紅(サルスベリ)の樹も、台風 21 号が過ぎる時折れたり引き倒されたりと、散々な被害を受けた。近くの県道で百日紅の街路樹がおよそ 200m に渡って植えられていたところでは、倒木がかなりあり通行の邪魔とか見苦しいということもあって、すべての百日紅の樹が除去され整理されてしまった。他にも強風のために多くの草木がすり切れてみすぼらしい姿になったようにも見える。夏の蜜源不足も重なっているようでミツバチのこれからが心配だった。

だが、さすがに 9 月も中旬になって、ハギやキバナコスモスの花が咲き出てきた。近くの知内川の堤の道にもハギの花が目立つ。散歩していて、そのこじんまりした茂みの一つに出くわした。そこにミツバチが 20 頭ほどで訪れて花蜜や花粉を集めている。多数のミツバチが嬉々として花々の間を採餌に飛び回っているのを観るのも、ミツバチ愛好家(?)としては、大きな楽しみでもある。

最初見た時はニホンミツバチもいたのだが、翌日見に行った時には、来ているのはほとんどがセイヨウミツバチだった(写真)。体の大きくて強いセイヨウミツバチに押されて、ニホンミツバチは追い払われたのだろうか。ニホンミツバチのファンである私は少し残念。

蜜源が豊かに開かれるこの時期、どうしたことか蜜源ではないバラの葉やレタスの葉をニホンミツバチがかじるという珍しい行動があるらしい。養蜂家や農家の間では知られた現象と聞く。この行動が見られるのは、9 月から 10 月に限られている。かじられたレタスは商品とならず生産農家にとっては打撃となる。だがこの現象は未解明のままになっていた。

去年の秋だったか、日記を読んでくださっているある方から、レタスをかじる行動の意味についてお尋ねがあった。しかし私はそれを見たことがない。ネットで探して出会った横井智之博士(筑波大学)の論文(*)中の写真では、確かにかじっている様子が分かる。私は残念ながら満足な答えを持ち合わせず、「ミツバチが食糧としてではなく何らかの生理作用のサプリ(?)として、レタスなど植物の葉や花弁、土中の有機物やミネラルを摂取することはあり得ると思います。」と、珍妙な答えに止めていた。

だがそのあと、ニホンミツバチ研究家の菅原道夫博士(神戸大学)からいただいた私信に、レタスの中のミツバチを集合させる成分を探求中とあった。そしてこの秋、その成果を学会で発表に至ったとの連絡をいただいた。

そのホヤホヤの情報はなかなか興味深い。菅原博士らは、微量成分の分析法(GC-MS)でもって、レタスの茎とミツバチ・ナサノフ腺のエーテル抽出液に共通して存在する成分を特定し、その特定の成分にハチが実際に誘引されることを実験で確かめている。

秋の時期に単独のハチが若い菊の葉やバラの葉をかじる行動が知られている。たまたまレタスの葉をかじったニホンミツバチが、レタスに含まれている成分(それはナサノフ腺にあるのと同じもの)に誘引され、多くのハチがレタスに集まるということらしい。

ミツバチが花蜜と花粉だけを餌とするだけでないことは知られているが、このレタスなどを噛(か)む行動にも、ミツバチの持つ行動の奥深さ、多彩さが感じられる。

＊横井智之博士(筑波大学)の論文: レタスをかじるニホンミツバチ(「ミツバチ科学」26巻3号、玉川大学ミツバチ科学研究センター、2005年)

ハギの花に採蜜に来たセイヨウミツバチ

蜂蜜の残留ネオニコ分析

9 月24日

8月に、ある食品検査機関に自家製蜂蜜75gを送って、残留ネオニコ系農薬の分析を依頼していた。検査費用は私のささやかな小遣いをはたいての出費だったが、気になっていたことを払拭(ふっしょく)したかった。というのは、前にも日記に書いたが、一部の市販蜂蜜にネオニコがわずかながら残留しているという新聞記事を読んで、我が家の庭のニホンミツバチの巣箱から採取した蜂蜜に残留していないか、確かめたかった。

9月中頃にその蜂蜜の分析結果として1枚の検査成績書が送られてきた。アセタミプリド、イミダクロプリド、クロチアニジン、ジノテフランなど7種以上のネオニコ系農薬と代謝物について、いずれも蜂蜜中で0.01ppm(*)未満とあった(写真)。国の残留基準をクリアしているので、食品として一応安心というところ。調べてもらったサンプルは5月に採取して保存してきたもの。8月初めのネオニコ空中散布の後では採蜜していないが、それだとまた違う結果になったかもしれない。

ただ、今回の検査自体にも不満が残った。検査報告書にはエビデンス(分析データーなど)がまったく添付されていなかった。検査に使用したとされる液体クロマト／タンデムMS法は精度・感度が優れていて1ppb(0.001ppm)の下まで分かるといわれる。例えば人尿中のネオニコを測ったという学術論文にこの測定法は採用されている。ミツバチが日常的に摂食する蜂蜜中に、もしネオニコがppb程度のごく薄い濃度であっても含まれていれば、コロニーに悪い影響が出ることもあるという報告がある。私もニホンミツバチを飼っているので、検査においてppbの桁で具体的数字が出ているならば知りたいところであった。

分析元に電話で問い合わせて返ってきた説明では、測定の際に0.01ppm未満の測定値の場合は生の数字を出さない設定になっているとのこと。その測定器の精度から見て当然もっと下の値まで示されると思っていたのが甘かった。依頼する前にその検出下限なり定量下限の値がどの辺に来るのかを聞いておけばよかったと悔やまれる。

蜂蜜は食品として一応安心といったが、他方で、国の現在のネオニコ残留基準が妥当かどうかで異論も出ている。ネオニコのような人（特に子供）へのDNT（発達神経毒性）のリスクが疑われる新規の神経毒を扱う場合には、慎重さが求められる。ところが最近、国内の残留基準に変更があり、アセタミプリドが0.2ppmと大幅に緩和された。しかし消費者の立場からいうと不安が残る。厚労省が残留基準を緩める方向に向かうのは、本末転倒ではないか？　欧州（EU）などのようにネオニコを禁止ないし規制する方向に動くべきだと思うのだが。1検体を2万円前後で測れるなら自治体や実力のあるNPOあたりではそれほど大きな負担ではないだろう。どんどん蜂蜜に限らず食品を検査して分析結果を広く情報提供してほしい。

＊ **ppm**：100万分の1（parts per million）。1kgの重量当たりでいえば0.001g。

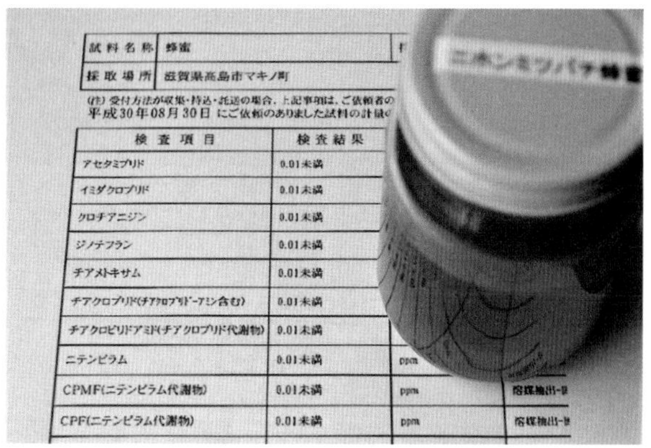

試料名称	蜂蜜
採取場所	滋賀県高島市マキノ町

(注) 受付方法が収集・持込・託送の場合、上記事項は、ご依頼者の
平成30年08月30日 にご依頼のありました試料の計量

検査項目	検査結果		
アセタミプリド	0.01未満		
イミダクロプリド	0.01未満		
クロチアニジン	0.01未満		
ジノテフラン	0.01未満		
チアメトキサム	0.01未満		
チアクロプリド(チアクロプリドアミン含む)	0.01未満		
チアクロピリドアミド(チアクロプリド代謝物)	0.01未満		
ニテンピラム	0.01未満	ppm	
CPMF(ニテンピラム代謝物)	0.01未満	ppm	溶媒抽出-
CPF(ニテンピラム代謝物)	0.01未満	ppm	溶媒抽出-

ネオニコチノイドの検査票

オオスズメバチとの攻防

10月 1 日

秋になるとスズメバチの姿を頻繁に見るようになる。スズメバチの中でも断然危険なのは体が大人の親指くらいあるオオスズメバチであろう。この前も、車イスの老人が移動中に襲われて体のあちこちを刺され、ショック死するという不幸な事件が報道されていた。こういうニュースがあるとスズメバチを悪魔のように思う人が少なくない。巣の近くに人が入ってきて、警告が無視されるとオオスズメバチは容赦ない反撃に出る。だが、むやみやたらに人に襲い掛かることはまずない。体が中型のキイロスズメバチなどは、ミツバチ１頭捕まえると満足気に帰っていくのでそれほど怖い存在ではない。

飛来するオオスズメバチ（左）に応じるニホンミツバチの群れ

都合でしばらく放っておいた巣箱をたまたま見に行ったら、屈強なオオスズメバチの７、８頭に襲われていた。今年はオオスズメバチが少ないなと思いこんでいたのでびっくり。すでに巣門に５頭くらいがたむろし、入口の木部をかじって中への侵入を狙っているようだ。

オオスズメバチは強力なあごと毒針をもつ獰猛なギャング蜂だ。セイヨウミツバチならば、次々これに立ち向かっては噛み殺されて玉砕になることが多い。その点、ニホンミツバチは、敵が１、２頭の場合なら集団で取り囲んで蜂球を作り熱死させる。有名な「ふとん蒸し」作戦が得意技の一つ。ミツバチの群れに勢いのある場合は、大勢繰り出して牽制にでることもある。オオスズメバチの羽音に対抗してワーンという多重奏で応える。体を一斉に振らすいわゆる振身行動をすることもある。最近お目にかかったのは、巣門から繰り出してきた働きバチたちがそれぞれ羽音をたてながらでたらめに動き回るシーン。その振る舞いは、狙いを絞らせないだけでなく相手を威圧するみたいで、強敵はあきらめて去った（前ページの写真）。

だがオオスズメバチも身内に動員をかけ、多い時は100頭ほどでもって巣の乗っ取りにくるという。我がニホンミツバチたちも、今度のような多勢の強敵相手ではさすがに退避し籠城（ろうじょう）するしかない。とりあえずは手助けが必要と思い、私は目深に帽子をかぶり首筋を守るためタオルを巻き付け手網を持って出動した。

ギャングバチたちはほとんど人を気にしていない（自分は最強だと思っているのか）。だが邪魔されると反撃する。私もすぐには手が出せずしばらく立ちすくんでいたが、気持ちが落ち着いてくると手網を使っていくつか獲ることができた。狙って素早く網を振ると不思議と掛かってくれる。相手はパワーがあり飛ぶのは速いが、胴体が大きい分だけ空気抵抗が強く、蚊のような小回りや敏捷（びんしょう）さに欠ける弱点をもつようだ。さらに、買い置きしていたネズミ捕り用の粘着板を取り出して巣箱の天板に置き、オトリとして捕らえた１頭をそこに貼り付けた。

粘着板は思った以上に効果的。３日間に捕獲したオオスズメバチは120頭になった。不思議なのは、囚われの仲間に自ら寄って罠にはまってしまうこと。粘着板にくっついてもがいているスズメバチを見るのは気持ちいいものではない。甲冑姿の武士が枕を並べ討ち死にしていくようで哀れに思える（下の写真）。

オオスズメバチが立ち去ったのを見計らって、働きバチが巣門付近に次々現れあちこち見て回った。そして敵が残した餌場を示すマーキングの痕をていねいにかじり取り、臭いをごまかすためか自らの糞をあたりにまき散らしている。なかなかやるじゃない！

粘着シートに捕らえられ討ち死にのオオスズメバチ

逃去の企て？

10月 6 日

9 月 25 日だったか、ニホンミツバチの巣箱への花粉の運び込みがまったく見られなくなった。先に台風 21 号が来た時、巣箱の一つで群れの逃去があったことは前に書いた(134 ～ 137 ページ)。その際に、もう一つの巣箱の群れも活発な怪しい動きをしていた。水をスプレーで振りかけた結果、群れは平静さを取り戻したのだった。その居残ったのが問題の巣箱。箱の内にはまだ大勢のミツバチが残っているのは心強いのだが、産卵に必要な花粉の供給ストップは心配。おまけにサナギが少しずつ外に運び出され始めた。

次の日もサナギが巣房から引き出され運び出されている。頭をかじられているのもいた。だが働きバチの出入りは盛ん。いよいよ巣箱を見限っての移住も近いのかと覚悟した。

27 日。朝晴れていたが曇りのち雨に。あいかわらず巣箱への花粉運び込みはないが働きバチの出入りは盛ん。昼前かなり興奮気味の動きがあり時どきサナギを運び出す姿が見られた。計画逃去を企てたのか？　盛んな出入りのあることも、蜂蜜をどこか新しい住処に運び出しているのではと怪しんだ。そこで、巣を出るハチと帰ってきたハチをいくらか手網で捕らえて、体の中の蜜貯蔵庫である蜜胃を調べることにした。

蜜胃は透明なボール状の伸縮自在の袋(人で言えば胃のようなもの)になっている。外勤バチは蜜胃が大事。それは自分の体内にある臓器だがその中の蜜は自分の所有物ではなくて、彼女の属するコロニーの共有物なのだ。採った花蜜は巣に戻ったら仲間に吐き戻して渡されるし、出かける時は仲間から飛行燃料分として口移しに蜂蜜が支給される。ミツバチ社会の面白い仕組みの一つだ。ただし、蜜胃を直接見るには腹部を小型ハサミで丁寧に開いて露出させるほかない。昔のことだが、大学でハエの生理学を研究していた経験があるので、私にとってはそれほど難しい作業ではない。

外に飛び出そうとしたハチを調べた結果では、その蜜胃が思ったよりも大きく膨らんでいて腹部の体腔一杯に広がるくらいだった（写真に撮ってみたがかなり生々しいのでここでは割愛した）。いわば蜜で満タンの有様だ。その中身はこれから出かける飛行のための支給燃料（それだと長距離かも？）なのか、それともどこか他所に定めた新居への配送分なのか。見ただけでは分からない。一方、外から戻ってきたハチの蜜胃はそれほど大きくはなかった。密かに貯蓄蜜を運び出し、蜂児を抜き去り整理する……着々と計画逃去の準備にかかっているというシナリオがまたもや頭に浮かんだ。そのようなことが現実にあるかどうか疑わしかったが、先月の他の巣箱での逃去事件（巣板以外は何も残さなかった）の後では、妄想が消えない。

観察窓からのぞくと、巣板を覆って活発に動く働きバチの群れが見られた

10月中旬に入って、巣箱は今のところ正常な感じに戻ってきた（写真）。ひところのようにサナギを引き出すこともない。スズメバチの来訪が極端に少なくなった。さらに花粉の持ち帰り頻度が明らかに増えた。今日の昼過ぎには久しぶりに時騒ぎの賑わいがみられた。以前のような元気さを取り戻したように見える。コロニーが何らかの不具合から回復してきたのだろうか。あるいは移住を思いとどまったのか。そうだと嬉しいが。

セイタカアワダチソウの季節

10月15日

近くの川の堤に咲いたセイタカアワダチソウが、鮮やかな黄色のベルト地帯を作り出した。ひところは衰えたと見えたこの群落に盛り返しが見られる。外来種で繁殖力の強い雑草として嫌われるセイタカアワダチソウだが、我が家のミツバチたちにとってはこの時期の主要な蜜源・花粉源となる。河原を探してみると、いたいた！　やや風があって揺れる穂につかまるようにして、ニホンミツバチが花蜜を採っているのに出会った（写真）。近くには仲間のハチが数頭いるようだった。

セイタカアワダチソウといえばその侵略性で知られ、次々と先住民であったススキやブタクサなどを駆逐し陣地をあれよあれよという間に拡大していった時期があった。その武器ともいえるものが化学物質（ある種の脂肪酸）で、それを地中に放出して他の植物の生長を抑えるそうだ。このような化学物質を使った植物と植物の間の作用をアレロパシー（他感作用）という。一般にアレロパシーという場合、阻害作用だけでなく共栄的な作用（例えばコンパニオン植物）の場合もいい、また植物間だけでなく動物や昆虫に対する場合も含まれる。防虫効果のあるマリーゴールドを畑の傍に植えるのも、昔からある応用例だ。

セイタカアワダチソウが使った脂肪酸も、言ってみれば植物界の化学兵器だ。しかし自分たちが勝ちを収めて天下を取ると、あまりにも密集したために自らにその毒の害が向けられ、自家中毒により衰退の道に入ったと聞く。なんだか人の世にも見られるような寓話的な話だが。でも、この近所では昔ほどではないにしても、少し復権してきたのかもしれない。

ちょっと変わったアレロパシーとしては、助っ人を呼ぶ植物のケース。リママメの葉がナミハダニにかじられると、そこから揮発性の物質が放出されてハダニを食べる天敵チリカブリダニを呼び寄せる。このことがオランダの研究者によって明らかにされたのは1980年代のこと。既にこの仕組みを利用してチリカブリダニそのものが生物農薬として販売されている。

最近話題になったアレロパシーの優れものにミントがある。ミントの臭いが近くの植物に合図を送り、食害をするダニなどの虫が消化不良を起こすタンパク質を葉に合成させる。それが昆虫による食害を結果として抑えることを東京理科大学の研究チームが発見し今年に発表した。実際に葉の細胞の内で問題のタンパク合成のもとになるRNA(リボ核酸)レベルの増大も確認されている。動けない植物ではあるが、中にはこんな手の込んだ奇策をとるものもいる。

ミツバチに寄生して害をなすアカリンダニを防ぐには、ミントの一種・薄荷(ハッカ)の成分(メントール)がよく用いられる。最近、庭の巣箱の近くを徘徊するミツバチが日に1、2頭いるのを見つけた。真夏には置くのを止めていた食添用メントールだが、今回気になって巣箱に入れることにした。ただ、ミツバチにとってその存在があまり好ましいものではないようで、メントールを上に置いた簀子(すのこ)の隙間を、蜜ロウでせっせと埋めて臭いが来るのを防いでいるように見受けられる。

セイタカアワダチソウの花に来たニホンミツバチ

スムシ侵入を疑って巣箱を開けてみた

10月29日

10月29日、庭にただ一つ残る重箱型巣箱を開けてみた。7月に分蜂したニホンミツバチが入った巣なので箱を開けるのは早過ぎる。だが数日前に、巣箱から腐りかけの果物のような臭いがするという妻Yの話と、サナギをいくらか運び出しているのを見て、スムシの侵入を疑うようになったからだ。スムシはツヅリガなどの幼虫で、ロウで出来た巣板をかじることで巣を崩壊させるミツバチの大敵だ。これまでも何度かその被害にあった箱を見たが、巣板が黒くドロドロに溶かされ悪臭を放つ様は思い出したくない光景だ。

いざ箱を開けて見てみるとスムシの姿はなく、その活躍した形跡もない。写真に見えるのは1段目の箱枠の下側で、見やすいように一部の巣板を取り除いている。まるで霜柱のような巣板の断面も見えるので巣の構造が分かり良い。網目状に見えるのは巣房（小部屋）の並びでハニカム構造になっている。奥の方は貯蜜域で、やや薄いクリーム色のフタ（蜜ブタ）で覆われた部分には蜂蜜が巣房にたっぷり詰めこまれて貯えられている。

中央部で巣房に濃い黄色のフタがされているところは育児域の上端らしい。白いサナギが巣房にいくつかいるのが見える。ピンセットで取り出してみると確かにハチの児だ。すえた臭いがするというのはこのサナギのせいかもしれないと初めは思ったが、腐敗は見られず。

2段目の箱枠に広い育児域があるようだったが、巣板を取り出して調べるところまでやらなかった。情報不足であるがこのコロニーの存続を思ってあえてその程度で止めた。他に目立ったのは、まだ十分には飛べないような若バチが多いこと。ひょっとしたら、中堅を担うべき働きバチの生育が遅れるなど何らかの問題があったのかもしれない。巣枠から離れないし動きが未熟だ。地面に振り落としても仲間で集まってウロウロしたまま。しばらくすると飛ぶというよりのろのろ歩いて行き最後には列を作るかのようにして巣門から中に入っていった。

異臭のことをハチ友の井上さんに電話で相談したところ、セイタカアワダチソウの持つハーブの濃厚な臭いが異臭のように感じられるのではと言われた。皮肉なことに前回で、セイタカアワダチソウが我が家のハチたちの主要な蜜源だなどと、持ち上げて書いたばかりであった。ニホンミツバチの集める蜜は百花蜜（ひゃっかみつ）といわれ様々の花蜜を含むが、今年は酷暑で強烈台風の襲来も相次ぎ、ハギのような花々が少なかったり咲いている期間が短かったりであった。結果として旺盛に咲くセイタカアワダチソウの花蜜の比率が大きかったのかも。

点検で開けた巣箱上部の様子

とはいえ、箱を閉じて数時間経過した時には特に何事もなかったようにハチの出入りが戻り、花粉もそれなりに運び込んでいた。ハチの総数は幾分減っているようだが、巣板下部を覆うくらいはある。それで、しばらくは様子を見ることにした。巣箱は箱枠２段プラス台座となり、余計な空間を省いたので越冬に適した状態になった。取り出した１段目箱枠から蜂蜜の回収をしたが、１kg ちょっとしか採れず、まだ強い臭いも残っていた。巣板のかけらは庭の隅でミツバチたちに戻してやった。だが、臭いに惹かれて他のハチが収奪にくる盗蜜の兆しもあったので、翌日からは薄めた蜂蜜液を給水器で巣箱内に直接与えることにした。

給餌器で採餌を助ける

11月 2 日

先週末に点検で巣箱を開けた際、越冬のための貴重な貯蔵蜂蜜を失敬するといった暴挙をしてしまったので、ミツバチたちが見限って逃げださないように給餌を行った。はじめは、蜂蜜を含んだ巣板のかけらを巣箱から離れたところに出して働きバチに吸わせていた。だが、そのうち来ているミツバチの間に喧嘩が起こり、争いで命を落とすものまで現れた。吸い終わったミツバチは大概が裏庭の巣箱の方に戻っていったが、一方で近くの板塀に停まって数頭が休んでいるのも目についた。この休憩している連中はおそらく他の巣から遠征に来ているのだろう。

思い当たるのは駅に行く途上にある１軒の家だ。別荘として使われ庭に巣箱が置かれているがもう５年ほど空箱のままだった。月に２回ほどはそこのオーナーが来て野菜作りに精を出す姿が見られた。今年の夏、その巣箱にニホンミツバチの群れが自然に入ったそうだ。にぎやかになった巣箱を通りがかりに見つけて、そこの家の方と話し込み知り合いになったのはごく最近のこと。

その家から私の家まで直線距離にして 300m ほど。盗蜜に来られる距離だ。だが他の巣かもしれない。逃蜜は本格的になると厄介で大群が来ると収拾がつかなくなるらしい。去年の８月にもそれに近い騒動があり（66ページ）、早めに手を打つことが大事。

そこで、給水器を使うことにした。水を入れたガラスコップに布巾をかぶせ、瞬間的に逆さにして台の上に伏せたままで置くと、わずかに布からにじみ出る水があるが、ほとんどの水はコップの中に留まっている。この原理を利用したものに小鳥などへの給水器があるが、ミツバチにも砂糖水を入れて使う給餌器として市販品がある。

それを教えてくれたのはハチ友の井上さんで、中国製なるプラスチックの製品も一ついただいていた。それは巣門の隙間から 10cm ほどの長さの給水路（ミツバチの側にとっての吸い口）を奥へ差し入れて使うタイプで、巣箱の内側で吸蜜するため逃蜜予防になるものだった。ただ、セイヨウミツバチ用のものだったので給水路の高さが1cmだった。それをカッターナイフで削って低くし、高さ5mmほどにした。それにより、我が家のニホンミツバチの巣箱にも使えるようになった（写真）。

濃い砂糖水を入れた給餌器を巣門にセット

だが当初は巣箱での実地テストに失敗。ボトルの中身がとくとくと流れ出てすぐになくなったり、途中で流れが止まって給水路が干上がってしまったり。充塡（じゅうてん）した糖液と給水容器のプラスチックとのなじみ具合（表面張力など？）の関係が、思ったより微妙なのかも。容器を洗剤でよく洗ったりツマヨウジを給水路への入口に2本入れてガイドにしたり、などしてうまくいくようになった。

蜂蜜とキビ砂糖を等量の水に溶かして餌（えさ）として使ってみた。夕方に給餌器に入れておいたのを翌朝に見に行くと、始めは100mLくらいあった糖液がきれいに空になっていた。思ったより大量に消費してくれている。この給餌を3日間、夕方から翌朝にかけて続けた。

4日目の夕方、ハチたちが巣門の前に10頭ほどが集まってうろうろしている。まるで給餌を覚えていて催促するかのようにみんなで私の顔を見上げるのだ。「あまり給餌しすぎるとブタになるよ！」という連れ合いの言葉で中断したわけではないが、その日は忙しくて給餌しなかった。しかしブタのようなミツバチって想像が難しいナ。

ミツバチを惹きつける赤い花白い花

11月18日

11月も中旬になり、最低気温が10℃を下回るようになり、秋が深まってきた。この頃、庭のニホンミツバチの巣箱に久しぶりの時騒ぎがあった。働きバチ後継者として若手が出て飛行訓練をしているのだ。体のサイズも一回り大きくなったように思える。

香り高いビワの花に来たニホンミツバチ

先月10月に点検で箱を開けた時は、無力な若バチが多くいて、将来が案じられた。その時は、数は少ないがチャキチャキの働きバチ姉貴が登場し、箱から地上に振り落とされた若バチたちを誘導し、地上から巣門に至る崖(ブロック)の15cmほどの高さを登って見せたり、遅れている者のお尻を押したりして、若者たちを巣門の中へ導いていた。その頼りなげな若バチ連中が働きバチとして冬を越す重責を担うことができるのかと、私はその時以来ずーっと危ぶんでいた。前から心配していただけに、この時騒ぎの光景を目にすることができて、嬉しさがこみあげてきた。

最近まで主要な蜜源になっていたセイタカアワダチソウに勢いがなくなり、黄色い穂先はシャンプーの泡のように文字通り泡だった姿に変身してきた。一方で、蜜源の主役交代をアピールするかのように、山茶花やビワの木に花が咲くようになった。今年初め、2月の冬場の頃も、庭木のビワにわずかに花が咲きニホンミツバチが訪れていたが、すぐ後の大雪の襲来で花は散ってしまった。そのあと初夏の頃のビワの果実の収穫はほとんどなかった。今は鈴なりにつぼみが付き、そのうち白い花を次々開いてきている。そのビワの花の匂いに誘われてかいろんな種類のハチやアブ、ハエ、さらにはスズメガまでが現れて花蜜を漁っていく。体の大きいハチやアブに追い払われながらも、しぶとく我がニホンミツバチも争奪戦に加わっていた（前ページの写真）。

マキノ駅の通路の両側の花壇に、今はサルビアが真っ赤な花を咲かせている。サルビアはハーブで薬草もあるとか。ミツバチは赤色は認識しないと聞くが、匂いがいいのか5、6頭ほどが来て盛んに花に潜り込んでいる。こんな派手な赤い花に採蜜に来ているのは珍しかったので写真を撮ろうとしたが、ハチの動きが早くすぐに花陰に隠れてしまうので、なかなか満足のいくのが撮れなかった（下の写真）。そのうち小さな事件が起こった。この花は筒状になっている。その筒の中に頭を突っ込んで採蜜に夢中になっていた１頭のミツバチが出られなくなった。お尻だけが外に出たままもがいているがうまくいかない。花蜜取りのプロがこんな失敗をするなんて意外に思えたが、そのままではかわいそうなので花びらを裂いてそこから解放してやった。そのドジなハチは礼も言わずに飛び去っていった。

真っ赤なサルビアの花に来て蜜集めのニホンミツバチ

ミツバチは優れた建築家（その１）

11月26日

庭のニホンミツバチの巣箱を観察窓からのぞくと、巣板の表面では働きバチが忙しそうに行き来し、小さい六角形の穴（蜜や花粉を貯めるほか蜂児も入るので巣房という）に頭を突っ込んでは何やらしている。厳しく長い冬を迎えるための蜂蜜などの貯蔵に余念がないのだろう。巣房の内にキラリと光るものが見えるのは蜂蜜なのか。

ミツバチの暮らしを支える巣そのものは昔からその構造ゆえにいろんな人の関心を惹いてきた。ミツバチの巣（ハニカム：honey（ハニー） + comb（コーム）でhoneycomb（ハニカム）。combはクシ状のものをいう）は六角形の巣房の集合からなる構造物だ。この精巧で複雑そうな構造がどのように作られるのかというのが昔から謎としてある。

以前、我が家のニホンミツバチの巣箱で、その住人たちの逃げ出た後には掌の大きさくらいの巣板が残されていたことがあった（写真）。ほぼ３日の間にこれだけのものを作り上げていた。それを手に取ってみたら、軽いがしっかりした造りである。巣房のほとんどが水平方向にではなくやや下向きに突き出しているのがニホンミツバチの特徴（セイヨウミツバチでは逆に少し上向き）になっている。巣板の壁面では働きバチたちが上向き（セイヨウミツバチは下向き）の姿勢を取る傾向があるので、蜂蜜濃縮や蜂児の世話など作業をしやすいと、ニホンミツバチに詳しい久志冨士男さん（故人）は解説している。ハチの巣が実用面でも使い勝手がよいように微妙にデザインの手が加えられている

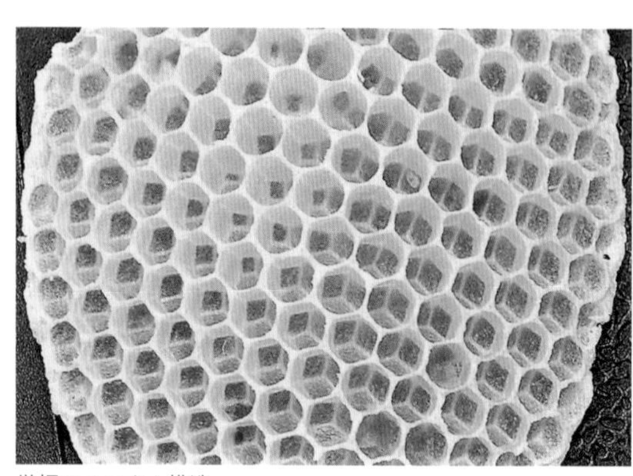
巣板のハニカム構造

のには驚かされる。

1枚の巣板はその両側の面に巣房の群れのパターンをもついわば「両面印刷」である。写真でも見られるように、巣板にあるそれぞれの小さな六角形の巣房の中に、プロペラのような三ツ星がのぞいている。これは、裏側に表と同じように作られたシートの六角形の一部(頂点付近)が透けて見えていることによる。つまりそれぞれの巣房は底部に三つ叉(またY字型)の支えをもつ構造になっていて丈夫な隔壁をもつ。このように、幾何学的に精巧に、また力学的にも強度をもって作られ、機能的でコストも安上りな「建築物」をミツバチがいとも簡単に作っているのには驚嘆させられる。

ミツバチがハニカムを作る方法には主に二つの考え方がある。

①働きバチは自ら分泌した蜜ロウ(ワックス)でカップ状の円筒を身の回りに作る。ハチの発する体温でロウが熱い状態では、円筒が周りの(お隣さんたちが作った)円筒とくっついて引き合い、六角形の筒としてそれぞれが並びあって安定するという説(ロウのもつ塑(そ)性と表面張力による物理的性質が主因とみる)。

②ハチはそれぞれが技術能力の高いエンジニアで、穴の形や深さを計測しながら単純な作業で組み上げていく説(隣り合った技術者同士で協力する)。ミツバチ建築家は自らの触角を物差しのように使うらしく、その先端を切り落とすと巣房がふぞろいになるという実験がある。

だが、①については、ロウを流動化させるほどの高い温度にならないとか、隣との干渉が必ずしもなくても単独で六角柱になるなどの反論があり、あまり説得力がない。②については具体的な説明をまったく欠いている。どちらもこれという決め手がなかった。だが、最近になって、②を支持する面白い数理的な説明が発表されているが、それは次回に。

ミツバチは優れた建築家（その２）

11月30日

ミツバチが作る六角形の連なった美しいハチの巣（ハニカム）はどのようにして出来るのか？　前回は次の２説を紹介した。①素材である蜜ロウのもつ表面張力などの物理的性質が主な要因で、六角形の筒として安定するという説。②ハチは触角などを使い穴の形や深さを計測しながら組み上げていく説。

最近、②の説に加担する説が発表された。山口大学など３大学４人の共同によるもの（PLOS ONE 誌、2018 年）で、著者らはコンピュータ実験から「付着・掘削（くっさく）モデル」というのを提案している。

この新説では、ハチの群れによる単純な行動の積み重ねが、あの精緻（せいち）なハニカム構造の土台を作り出すという。つまり、巣箱の天板などに自ら分泌したロウを塗り付ける「付着専門」と、付いているロウを削（そ）ぎ落す「掘削（くっさく）専門」の二手の働きバチたちによる競い合いを想定している。私がここで下手な文章で理論の筋を説明するよりも、論文の図解（*）を見れば理解の手助けになるだろう。

巣箱天井の基礎部分のでき方がこの説のポイントになる。まずは働きバチのあるものたちがロウ粒を分泌しそれを天板にくっつける。その一方で、別のハチがロウを端から剥（は）ぎに来るのがいる。そうこうするうち出来てきたＹ字型のロウ片が出発点。その隣にまたＹ字型のロウ片が並べられ、またその横にＹ字片といった具合に繰り返しが進む。そのようにして服のファスナーの並びみたいなものができる。コンピュータ上で現れたこの構造は現実の巣の天井部分によく見られるものに酷似し、また巣板の断面（写真）に見られる霜柱のような形でもある。

以上、巣箱天井の平面に見られる土台部分（ファスナー構造とでも言おうか）の形成をまず見てきた。次に小さな建築家たちは重力方向つまり下に向かってロウの粒をつないで伸ばしていき六角形の巣房をもつ立体的な巣板を完成させる、といった筋書きになる。まるで流行の３Ｄプリンターみたいな働き方だ！

働きバチらは明確な意図をもってあるいは設計図をもって家造りをしているの

だろうか。たぶんそうではないだろう。働きバチによる漫然としたロウ粒供給と剥がしの単純な作業が重なっていき、全体にバランスが取れて方向性をもった造成が起こることがこの説の基本になる。誰かの指図があるわけではないのに形がひとりでに出来上がること

ファスナーのような巣板の断面

は生物集団の場合には多分にあり得る。我々人類の3Dプリンターは細部まで完全に指定された設計図に厳密に従っている。精緻な構造物作成で現れたミツバチと人間での違いが面白い。

この論文で述べられているような偶然の要素を持ちながら自ずと構造物が出来あがることを「自己組織化」と呼ぶことがある。これはシロアリの塚の形成など生命現象に（あるいは自然界全般にも！）あちこちで顔を出すキーワードである。ミツバチの社会形成にこれを適用する研究まであるという。

しかし、このハニカム作りの新理論は前に一歩踏み出したばかりのように思える。前回書いた巣板の「両面印刷」のズレ（透かして見れば分かる表と裏のズレ）もまだ説明されていない。ハニカムの謎が深まった面もあるように私には思える。

＊**論文の図解**：PLOS ONE 誌、2018年、e36214

ミツバチは優れた建築家（その３）

12月９日

先週はここマキノの平地でも初雪が降り、少しだが積もった。前の日にウレタン製の厚手の板を巣箱側面や天井に貼り付けるなどしてとりあえずの防寒対策をしていたのでなんとか間に合った。ミツバチもこの寒い時期に家があることに有難味を感じているだろうか？　だがミツバチにとっての家は、私たち人でのイメージとだいぶ違う。

巣の中でミツバチ成虫が通常いる場所は、たいがいは巣板の表面か巣板と巣板の間の狭い空間だ。それぞれの巣房（六角形の小穴）は貯蔵庫か育児ベッドになる。前回の日記 73 に巣板のでき方の新説を紹介した。そこで出てきたファスナー様構造がくっきりと見える写真を最近になって見つけ出した（次ページ上の写真）。魚の白い骨みたいに見えるのがそれ。10 月頃撮った庭のニホンミツバチの巣箱のものだ。観察用のガラス窓に直（じか）に増設中のファスナー模様が記されてあり、その白さは使われたロウが新しいことを思わせる。元からある巣板を窓側に拡張してきている。なんと巣房の断面図で見える部分に琥珀（こはく）色の溜まりがあるのは蜂蜜のようだ。蜜をたくさんの巣房に分け入れて表面積を広げることで水分の蒸発量を増やす。それが蜂蜜濃縮の一つの方法だ。

スズメバチなどハチ類はたいていが水平に作った巣板を何段か積んでいる。数年前のことだが、知人の家の天井裏からキイロスズメバチによる不法占拠後に残された巣を取り出したことがあった（次ページ下の写真、最上部は一部破損）。その巣板は最大で直径約 25cm の平らな円盤状で、上（自然の状態では下）側にのみ多数の六角形の巣房がひしめき合って並んでいる。しかも円盤は３枚ほどあり柱で支えられた「３階建て集合住宅」だ。だがミツバチの場合は巣板を横でなく縦にしており、巣房は水平方向に突き出る形でしかも表裏の両面にあってとても効率的だ。巣全体としては、巣板を８ないし 10 枚ほどを平行に並べている（上の写真にも縦になった巣板がいくつか並んで見える）。

観察用の窓にまで巣板作り

キイロスズメバチの3段構えの巣（撮影のために上下逆にして置いている）

巣板が縦方向だとミツバチにとって面倒なこともある。尻振り（8の字）ダンスでの情報のやり取りでは、方角を示す基準となる太陽の方向を重力方向へ読み替える必要がある（88ページ）。もっとも、ミツバチの近縁の仲間でダンス用の踊り場を屋上に水平に作る種では、太陽光が射し込む方向を直接に方角の基準にできるのでダンスは簡単だ。

巣板は薄いロウで出来ているので、ダンスの際に出る250Hzくらいの振動を遠くにまで伝えるには絶好の素材でもある。それがドイツのタウツ博士（*）が言う「電話回線」で、仲間をダンスの場へと誘い出す仕掛けという。

人間社会では以前からスクラップアンドビルド（非能率的な設備や組織を破壊して、新しい能率的なものに立て直すこと）というのが流行っていたが、ミツバチもかなり自由に巣の増設や取り壊しをやるようだ。12月に入った今や、既存の巣板も一部はかじられて整理されている。新たに出来たスペースに皆で身を寄せ合って、「押しくらまんじゅう」で暖めあう。これが冬ごもりの標準的な体制だ。

＊**ドイツのタウツ博士**：Jürgen Tautz著、丸野内棣訳『ミツバチの世界　個を超えた驚きの行動を解く』丸善、2010年

COLUMN

ミツバチまもり隊

ミツバチは1990年代から世界各地で急激に姿を消している。原因は地球環境の変化や電磁波、ダニ、ウイルスによる病気、農薬のダメージなど、様々な原因が複合的に影響を与えているといわれている。すでにEU（欧州連合）ではミツバチへの害が証明されたネオニコ系農薬の一部を禁止するなどの規制をしている。日本国内では逆に農薬のさらなる規制緩和が行われ、対策は遅れたまま。このままではあと数十年で、ミツバチが絶滅してしまう！　農作物の4分の3もの受粉を手がけ、蜂蜜を提供してくれるミツバチなしには、私たちの生活は成り立たない。

そこで、「ミツバチを守りたい！」と立ち上がった高島市民の有志が、2015年に環境保護団体として会を立ち上げたのが「ミツバチまもり隊」。結成後5年を経た今では、会員は70名近くでメーリングリストの登録者は約100名になった。ミツバチを守る映画の上映会、講演会や音楽祭を催し、一方で、ミツバチ用巣箱や蜜ロウを使ったキャンドル作りの講習、さらに有機農作物販売などで地域と結びついた活動を重ねてきている。最近では市議会に独自の請願書や陳情書を出すなど活動も広がった。

ネット上でも「ミツバチまもり隊」のホームページやフェイスブックを通じて、さまざまの情報を発信しているので、ぜひのぞいてみてはいかが。

2 0 1 9

1.9 — 5.30

ミツバチはどうやって巣に戻れるのか

ミツバチからの年賀状

1月1日

大陸からの寒波襲来で凍えるような寒い年末年始になった。暮れの28日の朝には5cmほどの積雪で、その後は3日間降り続いた。最低気温は0℃前後に。そうこうしているうち新年を迎えた。

日ごろ世話をして面倒をみている庭のニホンミツバチたちから年賀状が届いた……てなわけないか！　ということで、ミツバチの「気持ち」を勝手に代弁しつつ、大家さん（私）に宛てた数行の年賀状を考えてやることにした（イラストは本文とは一応無関係）

【昨年中は大変お世話になりました……】

（ん！　まったくね。でもこちらもいろいろ楽しませてもらった）

昨年のことで印象深かったのは、分蜂（ぶんぽう）（巣別れ）が1日に2回もあったこと。捕獲ではてんてこまいしちゃった。えっ？　捕まえずにそのまま逃がしてくれればもっと幸せだったかも？　そいつは悪かったねー。でもいまさら仕方ない。

天候が悪いこともしばしばで、よく巣箱の心配もしたっけ！　7月の豪雨に8月の酷暑。気温30℃を大きく超える日が続き、巣箱の天板に冷却のための保冷剤のパックを置く毎日だった。秋になって巣箱の住人に見られた生育の幾分かの遅れは、この酷暑も一因ではないかと私は疑っている。そして極めつけは9月の超大型台風だった。マキノ町でも大木やコンクリート電柱が相次いで倒れるような暴風だったが、巣箱は運良く持ちこたえてくれた。その後だったか巣箱の群れの一つが逃げ出していったのは。残った一群れが今、年を越すまでに至っている。だがこの群れも、生育の遅れや異臭騒ぎ（実はセイタカアワダチソウのハーブ臭）など、いろいろ心配させてくれた。

ミツバチたちの大敵、農薬ネオニコチノイドも心配の種だった。ラジコン・ヘリによる散布は8月初めにあり、巣箱を霧状のドリフト（浮遊物）から守るのに神経を使った。残留効果も高いといわれる農薬なので気が抜けない。採取した蜂蜜サンプルをネオニコ残留検査に出した。結果は、人に問題になる濃度以下ということだったが。この検査ではミツバチへの影響に関しての情報が得られず、なんとも言えないもどかしさが残った。

でも世界に目を向ければ進歩したところもあった。EU（欧州連合）はネオニコ3種の完全使用禁止（一部例外あり）を各国代表の投票で決定した。世界の趨勢に逆行するようにネオニコ規制緩和の続いた日本国内では目立った進歩はない。だが自治体のいくつかで、ネオニコ禁止や斑点米の基準の緩和を求める意見書が議会で採択されているのは希望がもてる。

【今年も昨年に変わりませずよろしくお願いします。庭のニホンミツバチより】

（こちらもよろしくね。でもさしあたりは、この冬を無事に乗り切ってほしい）

今年の課題なり抱負はどうか。ミツバチにはそういう「未来」の概念はまったくないかもしれない。私個人でいえば、まずはこの高島市の地にニホンミツバチをもっと増やしたい。去年の春に我が庭の巣箱から分蜂した内の二群れを他所に分与した。その一つは、残念なことに秋頃に熊に襲われ失われてしまった。残る一つは無事で今もコロニーを保っていると聞く。

ミツバチを守ることが人間にも住みやすい世界を作ることになると思ってここしばらくやってきた。その世界を見るべく一歩でも近づきたいのだが、目標があまりにも遠くに感じられる。今年もミツバチまもり隊の会員の皆さんとせいぜいがんばりますか！

コタツ読書で旅した二つの世界

1月15日

年末年始は一時的に雪が降り積もっていたがその後は一休みとなったこのころ、ミツバチはほとんどの時間に巣にこもっている。晴天の小春日和には出入りがあり「時騒ぎ」もあって、私はちょっと安心。冬枯れで暇になってきた近ごろはコタツに入って本を読むのが楽しみだ。

手元の一冊は、書店でたまたま見つけたJ.スウィフト著『ガリバー旅行記』(山田蘭訳、角川文庫、2011年)。航海中に難破して小人の王国に流れ着いたガリバーの話はおなじみで、高島市のJR近江高島駅の東側には、小人の国の軍船をヒモで捕らえたガリバーの大きな像が立っている。だがこの文庫本は世に出ている子供向きの絵本などとは違う。

初めのところで、小人の国の人々とガリバーの交流が始まる場面を読んでいて、我が庭にいるミツバチたちから見たら私はガリバーみたいに見えるかも、などと想像して楽しかった。だが読み進めると、本の中の小人の世界はパワハラあり、忖度(そんたく)あり、陰謀画策ありのドロドロの世界。著者の生きた18世紀頃の英国社会が風刺されているようだ。加えてガリバーの奇想天外な行動(下ネタ?)に、こんな本だったのかと改めて驚いた。

もう一冊は、原野健一博士による『ミツバチの世界へ旅する』(東海大学出版部、2017年)というもの。本の帯に「もう一つの社会を作る巧みなシステム。その核心に迫る!」とある。現役ミツバチ研究者の手によるセイヨウミツバチの行動全般に及ぶ解説で、特に行動を成り立たせるシステムについて詳しい。研究者としての成長過程や発見に至るスリルや喜びなども記されていて、読み物としての工夫もなされている。

「リーダーを持たない不思議な社会」の項では、人間の世界のようなトップダウンの指示系統がなくても、メンバー同士の協調が生まれる巧妙な仕組み(自己組織化)があるという。その仕組みはいろいろだが一つは臭いによるコロニー識別が重要な柱だ。ミツバチ個体同士が接触することで体表のワックス中の臭い物質を交換し、メンバー全体に同じ臭いが固有の指標として均一に行き渡るようにしているらしい。またミツバチが巣板に触れることも同様の意味をもつ。他所のコロニーから盗蜜に来た盗人蜂が門番に見過ごされることが現実にあり、私も不思議に思っていたが、その場合も、この臭いへの何らかの操作があるのかもしれない。だが答えはまだ先のようだ。

フェロモンや体臭(そのほか振動や音など)の複雑な信号系のシステムでまとめあげられたミツバチの社会は、ガリバーが相手をした人間臭プンプンのミニアチュア社会とはまたひどく異なる。生物進化を反映した独特の合理的な造りになっていることが、読んでいて汲み取れる。

他のところで私が興味を惹かれたのは、「女王蜂の脳内物質」と「ミツバチの燃料調節」のあたり。ダンスコミュニケーションにまつわる不正確性もよく整理されて分かり良い。それぞれは私個人も深く知りたい内容だが、それについてのコメントはまたの機会にでも。

原著論文リストと図版のデータが豊富であり統計上の有意差表示がわずらわしいほどに出ているのは、読者に学部生・院生など未来の研究者向けを意識してのことだろう。だがこの単行本は、一般のミツバチの愛好家にとっても最新の研究にアクセスする良いガイダンスの役を持つと思う。いろいろ勉強になる点が多かった。

よくある質問から（その1）

1月17日

去年（2018年）は、庭の巣箱を見学に来た人たちに説明したり、30名ほどの会に呼ばれてミツバチの話をしたりする機会が何度かあった。話をすると必ずのように様々な質問がくる。それらの質問がけっこう面白い。よくあった質問を以下にあげてみる（Aはとりあえずの回答やコメント）。

Q１　ミツバチは刺すので怖い？

A　スズメバチやアシナガバチは追いかけてきて刺すことがよくあります。でもミツバチは巣への接近や悪さを人から仕掛けない限りは大丈夫。特にニホンミツバチはめったに人を刺しません。優しい気持ちで接すると相手も穏やか、つまりあなた次第です。ただ、冬場は気が立っているのでご用心。私が巣箱を掃除しようと手を出した時、目が合って（？）刺されたことがあります。

Q２　ミツバチは仲間同士で喧嘩（けんか）しないの？　家庭（巣）内暴力は？

A　同じ巣の仲間同士では普段はとても親密。働きバチ同士が喧嘩しているのを見たことがないです。ただし、春の王女姉妹同士の女王座獲得の争いや秋の雄バチ追い出しは別です。

Q３　女王バチになれるのはどんなハチ？

A　蜂児（ほうじ）（幼虫）の時のローヤルゼリーの与え方で、女王になるか働きバチになるかが決められます。王台という特別育児室の蜂児には羽化（うか）するまで、普通室の蜂児（大多数）には初めの3日間のみ（後は蜂蜜と花粉）、与えられます。前者は遺伝子がスイッチ・オンで女王モードへ導きます。おや、誰ですか？　ローヤルゼリー買いに走ろうとする女性は。もう遅過ぎですし、人には保証できません！

Q４　なぜミツバチは遠くに行っても自分の巣に戻れるの？

A　最近の研究で、ミツバチの持つ高度の認知能力や記憶力が帰巣（きそう）を支えていることが分かってきました。ミツバチの脳の中にできた「地図」のイメージに頼るとの論文も出ています。

Q５　私の家にハチが勝手に巣を作った。どうしよう！

A　ミツバチが棲み着くというトラブルはよく聞きます。私が関わったケースでは、民家の屋根裏にハチが棲み着いて、数条の蜜液が壁伝いに垂れたり就寝中にハチに刺されたりということも。その時は依頼したハチ飼いグループが駆けつけて無事に取り除きました。その家の天井裏にニホンミツバチの立派な巣が出来ていましたが、暑さのためか一部の巣板が欠け落ちていました（写真）。一方、ある人は自宅の庭にいつの間にかミツバチが集まって一抱えの蜂球（ほうきゅう）（ハチ玉）が出来、不安を感じたといいます。役所に相談したら「ほっとけばそのうちに消えます」との回答。ハチは７日目に居なくなったとのことでした。出て行った後には、プラスチック状のものが残ったとのこと。たぶん野生のニホンミツバチだったのでしょう。確かに「ほっておくとどこかに去る」のは正しいです。だが都会人にとっては受け入れがたい答えかもしれません。７日間も居座ったのは、よい新居を見つけられず仕方なく巣板（置き土産となった）を作ったのかもしれません。

民家の屋根裏に作られたニホンミツバチの自然巣。巣板のうち手前の数枚は欠け落ちている。

Q６　蜂蜜が好きで毎日大量に食べているが大丈夫か？

A　蜂蜜は糖尿病の患者には良いという人もいますが私には真偽は分かりません。蜂蜜にはブドウ糖が大量に入っていますので、食べ過ぎると肥満になるかもしれませんね。最近、神経毒の農薬ネオニコチノイドが極微量に残留するということが報道されていました。今のところ健康に問題ない程度とのことでしたが。

他にもまだありますが、それは次回。今日はここまで。

よくある質問から（その２）

1月29日

前回からの続きで、よくある質問をあげてみます（Aはとりあえずの回答やコメント）。まずは蜂蜜についての前回の続きから。

Q７　ニホンミツバチとセイヨウミツバチでの蜂蜜の違いはありますか？

A　作る蜂蜜の量と味が違います。養蜂家の扱うセイヨウミツバチは特定の花（例えばレンゲとかアカシアとか）の花蜜を集める傾向があります。花によっては色と匂い、蜜を出す構造などに特徴があり、同種の花だと蜜の採取作業に習熟できて働きバチには能率的だと説明されています。一方、ニホンミツバチの蜂蜜は様々な花から集められるので百花蜜といわれます。その味は深みがあり格別に良いと私は思います。ただ採れる量がセイヨウミツバチに比べ３分の１程度と少ないので貴重です。

Q８　蜂蜜の入ったままのワックス（巣）ごと食べてもいいのですか？

A　この質問はたまにあります。蜜をたっぷり収めた巣板（写真）の一部を切り出して売られている場合もあります。この巣板の素材はミツバチが体内から分泌した自然のワックス（ロウ）なので、食べても大丈夫。このまま口に入れて噛めば舌上に流れ出る蜂蜜の本来の素敵な味が堪能できます。残ったロウのかすは吐き出せばいいのです。

ニホンミツバチの巣箱から取り出した巣板。それぞれの巣房には蜜が詰まっていて白い蜜ブタで封がされている

Q９　ミツバチの寿命はどのくらい？

A　女王バチの寿命は３ないし４年、働きバチはずっと短く40日くらいです（ただし越冬の時期は延びていて３か月くらい）。

Q10 寒い冬をどうやって過ごす？

A 巣の中では働きバチが集まって玉みたいになり「押しくらまんじゅう」みたいにこすりあい、胸の筋肉を震わせて熱を出すなど暖房装置になります。その場合食べた蜂蜜の糖のエネルギーが筋肉において熱に変えられますので、蜂蜜は冬場の貴重な燃料でもあります。

Q11 女王バチが雄から得た精子を2、3年も保存できるのはどうして？ 冷凍じゃないですよね。

A 精子や卵子はDNAの運び屋で比較的単純な細胞構造をもつので、人でも液体窒素中で冷凍保存ができます。ミツバチの場合はもちろん冷凍ではありません。ミツバチと同じ膜翅目（まくしもく）のアリの女王はなんと10年も生き、精子を保存できるとか。ミツバチの女王は最初の交尾で得た精子を受精嚢（のう）に保存し、一生の間に少しずつ使います。精子は動きを止められ代謝の低い状態になっているそうです。また、精子自体が強い抗酸化作用をもち、それに適合したエネルギー代謝系（活性酸素を発生しない解糖系）が採用されているそうですが、まだ詳しいことは分かっていません。

Q12 ミツバチ減少の原因の一つといわれる農薬ネオニコチノイドは世界中で問題になっているそうですが、なぜ日本ではそんなに取り上げられないの？

A ヨーロッパ（EU）や米国などでは以前から問題になり、全面禁止や規制を進める国が次々出ていますが、残念ながら国内では関心が低い現状です。この問題は農業生産や農政に複雑に関わる面が大きく、製薬大企業と農産物生産・流通の巨大機構も絡んでいますので、マスコミ報道も慎重（よく言えば？）になっているのではないでしょうか。でもネオニコ問題は国民の健康、特に子供の発達にも影響しかねないので、無視できないと思います。

まだありますが、この辺で終わりに。なお、ミツバチ（とりわけニホンミツバチ）愛好家としての回答やコメントですので、偏りがあるかもしれません。

よくある質問から（その3）

2月10日

「よくある質問」で前回紹介できなかった分を追加しました。

Q13　ニホンミツバチを飼いたいが？

A　私は飼育のハウ・ツーは不得手ですが、浅い経験の範囲で答えます。ニホンミツバチは飼いやすいのでお勧めです。ミツバチがいる環境ならば、巣箱を用意すれば勝手に入ることもありますが、近年は数が減っているようでなかなか入らないとの声も聞きます。まずは近辺で巣箱を置いて飼っている方に話を聞くことをお勧めします。分蜂の時には分けてもらえることがあるかも。飼育の本を紹介するとしたら、私が愛読した『ニホンミツバチが日本の農業を救う』（久志冨士男著、高文研、2009年）、そして実践的で多様な視点のある本としては『僕の日本みつばち飼育記　里山は今日も蜂日和』（安江三岐彦著、合同出版、2016年）でしょうか。ネットならたくさん出ています。飼う際は飼育届（滋賀県は農業農村振興事務所）を忘れずに。

Q14　ニホンミツバチ巣箱はどのようなものがよいか教えてください。ミツバチの住みやすい巣箱を作りたいです。場所は富士山の雑木林……

A　ニホンミツバチ用の巣箱もいろんなタイプがあります。多いのは桝（ます）形の枠を積んだ重箱型。自然界の木の洞に近いのが丸洞型、巣枠を収めて取り出せるようにした縦型と横型巣箱など。また飼う人のポリシーやニーズによっても様々。神経質でシャイ（？）なニホンミツバチの生活にあまり干渉しない静観主義か、蜂蜜収穫が主目的か、あるいは巣の中の行動や生態を観たいかで巣箱もそれに適したものが選ばれます。また養蜂で一般的なセイヨウミツバチ用のラングス

出来上がった巣箱（小織さん撮影）

トロス式の横箱で巣枠間の距離を縮めて使っている方もいます。寒冷地では巣箱の板は厚いものがいいでしょう。ネットでも「ニホンミツバチ」の検索で、いろいろ紹介されています。私のハチ友の井上さんが作って譲ってくださった巣箱は、厚さ2cmの板からなる頑丈なもので、掃除しやすく観察窓もある重箱型で、気に入って使っています(この日記にも写真を時どき出してきました)。ミツバチまもり隊で作っているのは臼井健二さん仕様(*)を参考にしてアレンジしたもので(写真)、作りやすく安価です。

Q15 ミツバチを飼いたいけど周りへの影響が心配です。注意すべき点は？

A どのような場所での飼育を考えておられるのか、飼育場所(サイト)とロケーション、その近隣の人間関係など環境の具体的な条件が分からないとお答えが難しいです。まず隣の人家とある程度離れている必要があります。ミツバチは巣箱と餌場(えさば)(花畑など)を直行するし、空からダイビングみたいにして静かに巣にもどってきます。あたりを無目的にうろつくことはあまりありません。1箱2箱なら気にならないほどです。ただ、排泄物を巣の近くの白い洗濯物などに着けることがよくあります。一番心配なのは春の分蜂時の「乱舞」の時で、初めてそれに出くわすと、一般の方はパニックになるかもしれません(乱舞はたいてい20分以内で静かになりますが、蜂球がどこに作られるか、生活上困る場所の場合もありえます)。また、飼育サイトにはある程度の広さ、庭木や花壇がある領域が必要です。そうすると騒ぎもその範囲で収まる場合が多いです。また、近所の人には日ごろニホンミツバチのおとなしい性質など話して理解していただける素地を作っておくのも必要でしょう。

* **臼井健二さん仕様**：日本蜜蜂巣箱
http://www.ultraman.gr.jp/perma/nihonmitubtisubakotukurikata.pdf

あいまいさのあるダンス言語、でもそれもOK

2月7日

ミツバチが活躍する季節が来て我が家の働きバチたちも盛んに飛び始めた。彼女らの収穫ダンスが活発に繰り広げられるのだろう。だが、ダンスそのものの役割や信頼性への疑問も昔から出されてきた。もちろん、8の字ダンスのベクトル情報(距離と方向を示す)が確かに餌場や新居の位置を示せるしダンスに追従する働きバチ(フォロワー)を導くことは既に多くの実験で証明されている(日記でも度々取り上げた)。だが約10年前にアルゼンチンでなされた野外実験は、ミツバチのダンス言葉への思い込みを破るものであった。

特殊な実験条件の下でだが、ダンスのベクトル情報を優先するか、臭いによる場所記憶優先かで綱引きさせた実験がなされた。それによると、ダンスに無関心なハチがいて、たとえ2、3回はダンサーに追従してみてもその情報を無視して自己の記憶を優先し別の餌場に行くフォロワーがいるとのこと。また他の研究者からは、8の字ダンスがミツバチ脳の100万個ほどと数少ない神経細胞でもって解読できるか疑問だ(私はそうは思わないけれども)とし、ダンスをくしゃみか汗のような生理的反応みたいに見る辛口の見解すら出てきた。

ダンサーが持ち帰った餌サンプル(蜜や花粉)の臭い自体は、フォロワーが餌場の位置を知る手掛かりになることがある。臭いだけでは遠くの餌場の方角を直接指すことはできないけれど、フォロワーにその臭いのある場所を訪れた記憶があれば、場所の地理的位置も思い出して出発できるだろう。これにも高い記憶力が必要だが昆虫独自の進化を遂げた神経回路をもつミツバチには可能であろう。

一方、見ていても分かるのだが、8の字ダンスの直進部(尻振り走行部)が示す餌場の方角も必ずしも一定ではなくて角度で±15°くらいの誤差を含む。あいまいさを含む情報のもとで採餌行動を行うので収穫に失敗する確率も小さくはないと一応は予想される。このことは岡田博士(徳島文理大学、当時)らによって詳しく調べられている(「計測と制御」誌、2007年)。

誤差が大きいのは生物の世界では当然のことだが、ミツバチでは大勢の群れでもってダンスで指示された方向に動くので、とるべき方向が行動学的な理由で平均化されて誤差が小さくなることがある(*)。たとえ誤差が大きいために探索範囲にかなりの幅が出るとしても、新たな餌場の開拓につながることを考えると必ずしも無駄ではないだろう。また、巣別れでの新居探索では精度を上げる可能性もある。

なお、ダンサーが巣に戻ってダンスをする時に、特殊な臭いを放出することがあるらしい。フォロワーを呼び寄せ収穫出動を促す動員物質が 2007 年に発見され同定されている。

ダンスコミュニケーションは、「8の字ダンスのベクトル情報」「サンプルと臭いの持ち帰り」「動員物質放出」「千鳥足(68 ページ)」「巣板の振動伝達」など行動の進化の結果として得られた総合的な性格のものであろう。

8の字ダンスがあいまいで時には無視されると聞かされると、ミツバチの賢いイメージが損なわれるように感じるのは頭でっかち人間の想うこと。むしろ多面的で総合的な行動をとるミツバチの姿が分かり、いっそう認識が深まったと受け止めたい。

＊**誤差の大小**：レン・フィッシャー著、松浦俊輔訳『群れはなぜ同じ方向を目指すのか？　群知能と意思決定の科学』(白揚社、2012年)で「レイノルズの規則」として解説されている。

ミツバチにもマスクが要るかも

3月8日

冬ごもりの虫が地上に出てくるという「啓蟄（けいちつ）」の日も過ぎて3月8日が来た。この日は「国際女性デー」の日であるが、語呂合わせで「ミツバチの日」とも言うらしい（ついでに言うと8月3日は蜂蜜の日）。

閑散とした早春の庭にも春が寄ってきている。庭木のサクランボにはつぼみがはち切れそうになり開花への期待が高まる。とはいえ、若バチを迎える環境は芳しいものではない。このあたりでも環境悪化が進んでいる。まず蜜源となる花が少なくなった。巣箱からは少し離れているが道路沿いにあった山茶花（サザンカ）の並木が、200mほどに渡って刈り取られているのには愕然（がくぜん）とした。昨年（2018年）秋の台風の後には、被害を受けた県道沿いの百日紅（サルスベリ）の並木がごっそりと伐採されて整理されていたのは知っていたが、同じ運命をたどったのだろうか？　ここは冬の時期に頼りにしている数少ない蜜源だったからとても残念。レンゲ畑も毎年姿を消してきている。

冬の間澄んでいた空気にも濁りが見られるようになった。毎年、3月から5月にかけての大気汚染の主犯は黄砂、花粉、PM2.5だが、今やそれらが出そろった。最近話題に上がるのがPM2.5という大気中の微小粒子状（りゅうしじょう）物質。大気中を漂う微小物質のうち、粒子の直径が2.5μm以下のものをいう。大きさで比較すると人の髪の毛の太さの30分の1以下なので肉眼では見られない。

中国では石炭が暖房燃料の主力になっていて大量の発生源の一つだという。中国のお隣の韓国では、飛来した高濃度のPM2.5で非常事態に。韓国メディアは3月4日、PM2.5の緊急低減措置がソウル首都圏で初めて4日連続で発令されたと報じた。白く濁って見えるソウル市街地とマスク姿の人々の報道写真はインパクトがあった。その厄介な浮遊物は偏西風に乗って日本にも及ぶ。ここ数年、この滋賀県にも大陸から時どき張り出してきた汚染帯に巻き込まれるようになった。私も最近では咳き込んだりタンが切れなかったりしていて、花粉症よりも

PM2.5の影響を疑っている。気管から肺に入っていくPM2.5が呼吸器や循環器の奥に侵入して脅威を与えることは最近広く知られるようになった。

ミツバチがマスクを着けた姿（イラスト）は変？　たしかに昆虫は人のような肺呼吸ではなくて気管系で呼吸するので、口のあたりをマスクで覆ってもナンセンスだ。胸と腹の両側に小穴のように開口している気門に装着することが必要（そんなマスクは今のところないが）。人について害が言われているPM2.5だが、ミツバチについても害がない訳はないと思う。誰かその辺のことを研究している人がいるのだろうか？　今はミツバチにもなにかと多難な時代だが、たとえ細々とでも生き延びて勢力回復に至ってほしい。

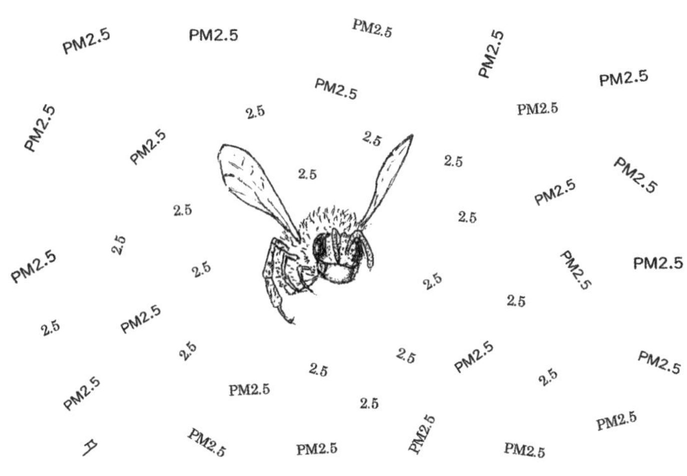

PM2.5（微小粒子状物質）はミツバチにも害？

春なのに消滅の危機

3 月 25 日

サクランボの花で採蜜中のニホンミツバチ

3 月 24 日朝、近くの山々に雪がかぶっている。先週は平地にも少しだが積もった。最高気温も 7 °C前後で、風速も毎秒 5 m くらい。寒くて風が強いとミツバチはなかなか巣箱から出てこない。今頃には増えているはずの若バチもそれほどには目立たないし活動的でもない。長いことつぼみをつけたままであった庭のサクランボの木にやっと白い花が咲き、それが満開になって麗しい匂いで誘いをかけているというのにこの有様。

昨年、そのサクランボの木は今と同じ頃に花が満開になり、その時は数十頭のハチがすぐに漁りに来ていた。今は、ヒヨドリがその満開のサクランボの木に居座り、我が物顔に花を丸ごと食べまくる。妻 Y が腹に据えかねたように飛び出して行って盗蜜者を追い払うが鳥はまたすぐに戻って来る。

今年は暖冬といわれながらも冬将軍はこの地にまだまだ未練があるような気配だった。翌日の 25 日も気温は明け方に氷点下になり霜が降りた。満開になっていたサクランボの花も一部は前よりも色褪せて見える。だが昼には天気が穏やかに。晴れ間が時どき現れては消える。気温は 12°C くらいに上がった。昨日まで手持無沙汰のように立ち尽くしたサクランボの木は、昼近くになってブンブンと心地よい羽音をたてるにぎやかな客の 20 頭ほどを迎えることになった（上の写真）。

そのうちに気が付いたのは、どうも庭のニホンミツバチの巣箱での出入りがぼつぼつで低調な感じ。おかしいと思って巣箱の底にスマホを入れて写真を撮ったら、中のハチたちはほんのひと塊が巣板の間に見えるのみ。いつのまにか勢力が落ちてしまっていた。ミツバチは「超個体」といわれるように、分業をこなす多くの家族からなる有機的集団があって初めて一個体のようにして生き続けられる。今のこの劣勢の様子だと消滅は時間の問題かも。春を迎えコロニーが大きくなり分蜂(ぶんぽう)に向かうはずのこの時期だが、事態は思ったより深刻だ。我が家にたった1個だけ残った巣箱を失うことには無念の思いが湧く。たいへん残念だが現実を受け入れざるを得ない。

働きバチの寿命は普段は1か月ちょっとだが、冬場に限って3か月ほどに延びるといわれる。昨年暮れ頃から無理して働いてきた子育て役の働きバチが老齢で次第に姿を消し、若バチの世話ができていないのかもしれない。一方で、翅(はね)に異常をきたし飛べなくなって巣箱から脱落していく老齢のハチも少数ながらいる。これらは寄生ダニ(アカリンダニ)の影響があるのかもしれない。また、女王バチの出産も不調で次世代の再生産がはかどらなかった可能性もある。個体数激減の原因を突き止めるためには巣箱から中の巣板まで外して巣房を点検してみなければ分からない。

だがまだ威勢よく羽音を響かせて外勤に向かう者や巣に帰還するのが少数ながらいる。それらがいるかぎりは巣箱に手をつける気が起こらない。せめて短い余生を過ごしてもらうことにした。巣箱に住民がいなくなる日は近いかも。妻Yは「せめて最後は腹一杯食わせてあげよう」と言いつつ小皿に入れた蜂蜜をまるで「炊き出し」みたいに巣門へ差し出していた(右の写真)。

「炊き出し」(給餌)の皿に集まって砂糖水を飲むニホンミツバチ

「待ち箱」を置いて一から始める

4 月10日

前回の日記にも書いたが、庭の巣箱中のニホンミツバチたちは、ほんのひと塊が巣板の間に見える程度の小勢に落ちてしまっていた。この様子だとそのうちに消滅は必至。コロニーが大きくなり分蜂(ぶんぽう)に向かって期待が高まる時期だが、今年は裏目に出た。

4月に入っても、季節外れの感じがする雪やアラレが降る日があり、気温が摂氏零度近くまで下がった。ミツバチも小勢では体温を保つのが難しい。この寒さではとても生きてはいないだろうと思っていたら、寒風によろめきながらも外から帰って来る働きバチが2、3頭いた。その健気な生き残りのハチたちは仲間のために花蜜を持ち帰っているのであろう。自分一人で蜜を飲んでそのままどこかに姿をくらますようなことはしない。蜜は群れの仲間で分け合うし餓死する時は平等に死ぬ。

4月上旬も過ぎるころ巣箱の出入りがほとんど見られなくなった。私もさすがにこのコロニーを見限ることにし、重箱型巣箱の各段を切り離し解体して中を調べることにした。蜂蜜はほとんどなく蜂児もいない。50頭ほどの働きバチが箱の隅に固まっているのみ。女王バチを欠いたいわゆる「無王群」だ。3月初め頃はまだハチ数が十分あったように見えたのだが、次世代を産みだすことがうまくいかなかったようだ。この一群れは冬越しに失敗していたことになる。

この巣箱の群れの履歴を思い出してみると、たしかにいろいろあった。昨秋の台風襲来時には群れ全体で逃げ出すそぶりを見せていたのを、スプレーで水をかけて脱出を阻止したのだった。その後も、若バチの発達の遅れを気にするなど何かと心配させられた「問題児」であった。

コロニーとしての生命を終えた巣の生き残りのハチはもはや生きものではないなどと言う人もいる。けれども、彼女ら働きバチの健気な振る舞いを目にしてきた私としては、このまま箱をつぶして生き残りを飛散させるのも忍びない。いったんは箱を元のように置いておくことも考えたが、結局は低温麻酔で勇士たちを安楽死させることを選んだ。

だが、分蜂の起きるこの春の盛りに何もしない法はない。気を取り直して、数個の「待ち箱」(分蜂群を誘い入れるための空の巣箱)や分蜂群捕獲の仕掛け(トラップ)を庭のあちらこちらに置くことにした。待ち箱の内面には蜜ロウと蜂蜜が塗ってある。ハチ友の井上さんからもらった新作の仕掛け(トラップ)2組を庭に置くことにした(写真)。分蜂で巣立ったニホンミツバチをその特有の香りで惹きつけるというキンリョウヘン(蘭の一種)の鉢をトラップの下部にセットする。その上に底板をはずした待ち箱を置く。キンリョウヘンの香りが箱の中に充満し、やってきた群れを誘い込む仕組み。もし群れが入れば箱ごと取り外して底板を取り付ければ立派な飼育用巣箱になる。

分蜂群を捕まえるためのトラップ2台。手前のにはキンリョウヘンの鉢が置かれている

ただ、キンリョウヘンの花が咲くタイミングを合わせるのが難しい。冬中、暖かい部屋において花芽が出るようにしておいたので、何とか花が開きそう。過去にも分蜂群が他所から来て待ち箱に入ったことは数度あった。最近も、近くの道端に咲いたこぼれ種から咲き出た菜の花に、どこからきたのか数頭のニホンミツバチが採蜜しているのを見かけている。確率は低いが望み無きにしもあらず。こうして、また飽きもせずにウィズ・ビー・ライフがリセットとなった。

ボーイスカウトたちの来訪でワークショップ

4 月21日

みつばちクイズはいつも人気（司会者は小織さん）

地域のボーイスカウトから私が参加している「ミツバチまもり隊」へ、ミツバチの見学を含むイベントをしてみたいと依頼があった。実は、私のところでは少し前に飼っていたミツバチが絶滅していたが、日記に哀れっぽく経過を書いていたせいか、あるハチ友の方からニホンミツバチ一箱を貸与してくださったばかりのところだった。そこで、ミツバチまもり隊隊長の小織（さおり）さんと相談し実施に踏み切ることにした。

下見に来られた指導員の方との打ち合わせを行った 1 週間後の当日、小学 3 年生か少し上くらいだろうか、女子 1 名を含む 7 名のボーイスカウト（カブスカウト）がやってきた。まず 1 列に並んできちんと挨拶をするのには驚いた。指導員の方 3 名が付きっきりなのでこちらは比較的安心。

我が家の裏庭に集まってもらい、始めにミツバチについての一般的注意と行動の特徴を簡単に説明。ついで実地で巣箱の構造の説明（3 ページ下の写真）。そこで「入口はどこ？」という質問が出るとは思わなかった。箱正面の幅 7 mm 程度の隙間を示す。「ハチがなぜ箱に入って来るの」と、他の子供からもよい質問。今の時期はハチ家族の数が増え、巣が狭くなり巣別れが起こりやすく、引っ越し先として狭い空間が好まれることを話す。

実際に行き来するハチを見て子供らは驚いた風。巣箱の内側の群れの様子ものぞいてもらった。野山が近いこの辺の子供であってもミツバチを見る機会があまりないのか。ハチを見て「かわいー！」との声がでた。昆虫に親しんでほしいと願って企画した者にとっては嬉しい反応。雄バチを捕まえて雄の尾部には針がないことを示す。ハチの門番が人気を集めた。

一通り巣箱での観察を終えると、皆でクイズと紙芝居の鑑賞。小織さんがうまくリードする（前ページの写真）。クイズは子供たちに好評で、質問も次々に出て盛り上がった。ハチの病気についての質問のところでは、農薬や寄生ダニの話に及んだ。紙芝居はちょうどその農薬を扱ったもの。既に見たという子もいたが、皆で最後まで静かに見入っていた。蜂蜜（地元で販売されている既製品）も味見程度だったがそれぞれにサジを配ってなめてもらった。

最後に、蜜ロウでキャンドルを作る実技に移る。携帯ガスコンロに鍋をかざして蜜ロウのブロックを溶かして、液状になったらガラスのカップに流し込む。そして芯を真中に据えて、冷えれば出来上がり（下の写真）。

風もなくさわやかな晴天に恵まれ、予定した行事は無事に終了。こちらも思わず微笑んでしまうようなかわいらしい仕草の元気な子供たちと、楽しいひと時をもつことができた。彼らがここで作って持ち帰ったキャンドルは、それぞれのご家庭でどのような灯影(ほかげ)を演出してくれるのだろうか。その感想も聞きたいところだ。

蜜ロウからのキャンドル作りに熱中！

キンリョウヘン式トラップの威力を目の当たりに

5月3日

庭でビワの木の実に袋掛けをしていた時、傍らの妻Yが、ブーンという羽音を聞いたように思うという。そこで、捕獲用トラップ(分蜂、つまり「のれん分け」で元の巣を出てきたハチの群れを誘い込むためのもの)が置いてある庭先に急いだ。すると、トラップ内のキンリョウヘン(蘭の一種)の花に黒々と何か集っているように見えた。どこからか飛来したニホンミツバチの分蜂群が来ていたのだ(次ページ上の写真)。はやる心を抑えてハチの塊を観察。女王バチを探しているうち、幸運にもせかせかと忙しそうに動き回る女王バチの姿を確認できた。働きバチより少し大きく腹部が黒くて長いので探し出しやすい(次ページ下の写真の白矢印)。

この連中が蘭の花にいつまでも留まっていては困るので、蘭全体を軽く叩いて振動を与え続けると、ハチは少しずつ上方に移動していき、上に置いた巣箱の中に入っていった。ハチがほとんどいなくなった蘭は植木鉢ごと取り去って、巣箱をトラップの三脚から取り外し、持ってきた巣箱台座(基台)を箱の底に据えて、首尾よく群れをキャッチ。

ハチ友の井上さんから前にもらっていた新作の仕掛け(トラップ、178ページ参照)の鮮やかな分蜂群捕獲の様を目の当たりにして、あらためて驚かされた。分蜂で巣立ったニホンミツバチをその特有の香りで惹きつけるというキンリョウヘンの鉢の上に、待ち箱(底板をはずしている)を置いていたのだった。

今回捕らえた家族集団(コロニー)は個体数がちょっと見た感じではそう多くない。ミツバチの分蜂では、まず母親女王が巣の働きバチの約半数(プラスいくらかの雄バチ)を連れて出て行く第1分蜂が起き、ついで娘女王で長女が残りの半数、さらに分蜂が続くと次女……といった具合に、次第にお供の手勢が少なくなる。この群れも恐らくは第2ないし第3分蜂などであろう。

実は、前の日にもちょっとしたハチの騒ぎがあった。例のトラップの蘭の花のあたりに、止まったり激しく飛び回ったりする10頭ほどのニホンミツバチを目撃

他所から飛んできてトラップのキンリョウヘンに群がるニホンミツバチ

集まったニホンミツバチの群れの中にいる女王バチ（矢印）

した。一方で、あたりを興奮したようにでたらめに飛ぶハチが数頭。これは分蜂群が来る前の先遣隊みたいなものかと大いに喜び、本隊の到着を期待した。だが、その騒乱は40分もするうちに収まり、誰もいなくなった。肩透かしというか「ぬか喜び」に終わって、残念な気分が少し残っていたが、また来るかもという淡い期待はあった。それが、翌日に来たのだった。先遣隊が巣にもどって報告し、今日になって審議の結論が出て、後は迷わずに皆で「粛々と」やってきた、というのは少し出来すぎた話かもしれないけど。

妻Ｙから日ごろ「ミツバチ溺愛隊」と揶揄される私だったので、ミツバチが越冬に失敗して庭にいなくなってからは落ち込んでいた。それが、有難いことに先月に井上さんが琵琶湖対岸からわざわざニホンミツバチのコロニーの入った巣箱を届けてくださった。おかげで、「空の巣症候群」（これが本当の？）は解消していたが、分蜂群を捕まえたいという欲求は消えていなかった。

今回捕獲できたコロニーは、同じく「空の巣症候群」みたいだった小織さん（ミツバチまもり隊）に譲ることにした。小ぶりの集団なので先行きがちょっと心配だが、女王は活発そうなので何とかやっていけるだろう。

セイヨウミツバチの蜜搾りを見学

5月8日

Nさん宅の庭に設けられたセイヨウミツバチの巣箱

高島市南部のNさんのお宅は、古くからある集落の一角に建つお屋敷。その庭にはセイヨウミツバチの巣箱が3台ほど置かれている。Nさんはミツバチまもり隊の会員でもある。すぐ脇の空き地にはレンゲやタイムの小花が咲き乱れてミツバチを呼び込んでいる。今日は、そこで飼われている巣箱のうち一つで蜜搾りをするので来ませんかと誘われて、お邪魔することになった。私の他にもNさんの友人夫妻一組が招待されていた。私はセイヨウミツバチの蜜搾りは初体験ではないが、もう50年以上前のことなのでほぼ仕方を忘れている。それに、私が扱ってきたニホンミツバチとどう違うかということも興味があった。

巣箱は上下2段に積まれていて、その内側には巣板が8枚並べて収められている。巣板は木の枠に囲まれた板状の蜜ロウからなり、その両面に六角形の小部屋(巣房)が無数に穿(うが)たれている。この時期、蜜は主に上の箱に貯まるようになっている。今日は天気が良いのでハチもご機嫌良いとか。巣箱の上ブタを開けて巣板を取り出しても、燻煙(くんえん)器からの煙のせいもあってか、あまり騒がないでいる(上の写真)。巣板表面に群がって張り付いているハチを振り落とし、まだ残ったハチは刷毛(はけ)で払い落す。

その巣板1枚を持ち上げると、それぞれの巣房にびっしりと蜂蜜が入りけっこう重たいものもある。十分に濃縮できた蜂蜜の巣房は、その表面を「蜜ブタ」と言う薄いフタで覆われ封入されている。この巣板を作業場に運び出して、それぞれの巣板から蜜ブタをナイフで薄く剥ぎ取る作業に入った(次ページ上の写真)。

私も途中から任されたが、Nさんほどうまくはいかない。失敗しながらもなんとか続けた。

蜜を取り出すのに必要なのが分離作業。ドラム缶の中に回転軸を入れたようなものが遠心分離機だ(下の写真)。次のステップは、その回転軸に巣板を取り付けてハンドルを使って回転させ、遠心力で蜂蜜だけを槽の内壁に飛ばして集める作業になった。手回しでその回転速度を適度に保つのが難しいとのこと。遠心力が強すぎると巣板を破ってしまう。

最後に、遠心機の底から突き出た蛇口から、琥珀(こはく)色の液体がドロリと出てきた。巣くずなどは金網の目の粗いのと細かいものの2段階でふるい分けられ、非常に濃くてきれいに澄んだ蜂蜜が最後に得られる。スプーンを突っ込んで回すと粘りついてくるような純粋の濃い蜂蜜だ。採れる蜜の量がニホンミツバチより何倍もあるような印象。

蜜ブタをナイフで取り去る

ニホンミツバチの蜜搾りの場合は巣板自体がもろいので、巣板をいくらか砕いてザルに入れリード紙で漉(こ)して蜜を垂れ流しさせボウルなどに集めるだけ。簡単だが気温が低いと時間がかかる場合もある。

手回しの遠心分離機にかけて蜜を分離

嬉しいことには、ビンに入れた貴重な搾りたて蜂蜜をお土産にいただいた。試しに指先ですくって舐めると、レンゲだろうか花の匂いがする。濃い舌触りが素晴らしい。今日は大変良い体験ができた。

ミツバチの結婚飛行（あるいは婚活？）

5 月14日

この春、我が庭で捕らえたニホンミツバチ分蜂群は「養子」に出した。引き取っていただいた小織さんから、最近のコロニーの様子のレポートがきた。そこには、巣門を出ていく女王バチをたまたま見かけたとある。すぐに戻ってきたがこれは結婚飛行なのだろうかと尋ねられた。私は見たことがないので答えられなかった。

そこでミツバチのことを少し調べてみた。ミツバチの巣の中では、適齢の娘女王バチと雄バチがいても互いに無関心で、同じ親女王から生まれた兄妹（あるいは姉弟）同士の近親結婚は避けられている。羽化した女王バチは、普通は１週間以内に結婚飛行に出るといわれる。飛行時間はまちまちだが、数分から１時間くらい。ミツバチ「婚活会場」は、あちこちの巣から出てきた雄バチの群れが集まる木立のある所など。この辺で言えば神社の森などであろうか。我がハチ友の井上さんは、辛抱強い観察の結果、ニホンミツバチの結婚飛行の貴重な動画や写真をモノにしている（写真）。

交尾には高速で飛ぶことが絶対必要。飛行時の風圧により雄のペニスが体外に出されセットされるということを書いている本もある。高速で飛ぶ女王は女王物質を振りまき、これが性フェロモンとして雄を惹きつけ興奮させ追尾させる。レースの勝者の雄は空中で雌を捕らえ交尾に至る。この時、雄の交尾器がはじけて精子が送り出されるとともに、雄は恍惚（こうこつ）のうちに（であってほしい？）一生を終える。

交尾後には雄の交尾器の一部が栓のように女王の尾部に残る（写真では、何らかの理由で落ちたのかもしれない）。さらに他の雄が割り込んできてそれを外し自分のを着ける。そのようにして通常は 10 頭前後の雄と交尾する。父親の異なる大量の精子を確保することで、遺伝子の多様性を維持するとともに近親結婚の確率を低める意味があるそうだ。女王の体の受精のう（精子を貯める袋）での収量が足りなければ翌日も出撃する。多量の精子は女王の一生（2、3年）の間に体内で保存され適宜（てきぎ）使われる。ミツバチの場合、婚活と言うよりも、近ごろ世間で耳にする「妊活」と言う語が近いかも。女王バチにとっては、精子をいただけば雄は不要の存在となる。

この時期には小鳥特にツバメなどの敵が待ち構えていることも。普通は護衛の働きバチたちが女王に付いて行くので無防備ではない。だがもし捕食されるとコロニーは存続の危機に陥る。だが、逆にツバメが護衛のハチ部隊に追いまわされるのを見たと井上さんは話してくれた。目や耳に多数の刺針を撃ち込まれたツバメの死体があったという記述もある。

庭の巣箱から結婚飛行に出るミツバチ新米女王のことを思うたびに、ちゃんとお婿さんに出会えますようにとつぶやいたりする。というのも、近年、ミツバチコロニー数の激減が心配される現実があるから。この結婚飛行という独特の行動（といってもアリや白アリにもあるらしいが）は、もちろんミツバチが社会性昆虫の特質をもって生きていく上で必要不可欠なシステムである。ミツバチは昔から、おそらくは何百万年あるいは何千万年以上も前から、毎年これを着実に繰り返してきたのだろう。だが、人類が招き寄せた環境の悪化がこのシステムにも及び、ミツバチの絶滅に導くことがあっては申し訳ないことである。

結婚飛行から戻ってきたニホンミツバチの女王バチ（井上さん撮影）

ニホンミツバチの蜜搾り

5 月23日

先々週はセイヨウミツバチの蜂蜜搾りに見学に行ったが、今日は自分のところのニホンミツバチの巣箱を開けて蜜搾りを実行することに。朝は7時決行を決めていたので、いつもより早く目覚める。気のせいか脈が早く血圧も高めになっている。やはり気持ちが躍動してくるのか。

ちょうど娘が休暇で家に帰ってきているので写真係をしてもらった。ひどい虫嫌いだったが彼女もこれで立ち合いは3度目。ミツバチ(だけ？)は大丈夫、となった。私と妻は、長袖、ズボン、面布にゴム手袋を着用し、ハッカ油の噴霧液も手足に軽く付けておくなど、万全の防御態勢をとった。ミツバチが活躍する前に「朝飯前」でやり終えることを目標にする。準備と手順のシミュレーションは前日にほぼ終えていた。最近、蜜搾りをしたハチ友から、ハチを怒らせ激しい反撃に会い刺されたなどの話を聞いていたので、少し臆病な気分になっていた。

いざ始めると、箱枠を抑えている木ネジがドライバーでうまく回らない。無理をするとネジの皿がつぶれてしまい取り外せなくなるので、ちょっと焦った。なんとかそれを乗り越え、天板を外す段になってスパーテルが手元にないことに気付いた。でも前回までのようなうろたえた結果での怒号(？)の応酬はなく、箱開けはスムーズにいった。箱枠と次の箱枠の隙間に細い金属ワイヤーを通して水平に引き切ることで、無事に最上部にある箱枠(中に巣板が詰まる)を切り離すことができた。この間、巣箱の住人(住虫)たちの羽音はすごかったが、思ったほど攻撃的ではなく、じきに落ち着いてくれた。この巣箱の元の飼い主からは気が荒いと聞いていたのでやや拍子抜け。一番上の箱枠を外して手に持ってみるとけっこう重い(写真)。

この箱枠の内の巣板と巣板の隙間に、まだ少しばかり働きバチが残っていた。この居残り組を追い出して、取り出した箱枠を運び出し、蜜を含んだ巣板を切り出す作業に入る。そうして得た巣板を小片に割ってリード紙を敷いた金ザルに入れ、下に置いたホウロウ桶に蜜が垂れてくるのを待つのはいつものやり方で、遠心分離機は使わない。白い蜜ブタがかかった濃い貯蔵蜜のあるところは、あらかじめ刃物で覆いをはぎ取っておかねばならない。

トロトロの蜂蜜で潤んだ巣板のひとかけらをつまんで口に含んでみた。これぞニホンミツバチの蜜だ！と、思わず表情が緩む。味でもセイヨウミツバチのものとは違う独特の味覚が湧く。芳醇(ほうじゅん)にしてさわやかな美味が口内に広がる。初夏に入ったこの時期に採った蜂蜜は香りよくさらっとした味だ。秋になると蜜もさらに濃厚になるが、嫌いなのはソバの花が咲く頃の蜜。人により好き嫌いがあるが臭いになじめないものを感じる。クリの花からのものも同じくゴメンだ。ただ、物の本によると、ソバの花に由来する蜂蜜は抗酸化作用が強いので愛飲する人も多いとのこと。去年の秋に採った蜂蜜は、セイタカアワダチソウに由来の匂いがあり困惑したのだった。

有名な歌人の若山牧水は宮崎県日向市（現在）の出身。彼の短歌に「焼酎に蜂蜜を混ずればうまい酒となる、酒となる、春の外光」というのがある。とても上手な歌とは（素人の私には）思えないが、彼の出身地にかつて住んだことのある者としては、この歌はちょっと気になる。この飲み方、真似してみようかナ。

「よいっしょ、これは蜂蜜で重いぞ」

流蜜の初夏の頃

5 月30日

5月から6月にかけての当地マキノ（高島市）は、私が一年のうちで最も気に入っている。お天気が続いて湖水は温み、水田には稲の青苗がきれいに並び、その間を浸す水は青空を映しだす水鏡となる。あたりははじけたような新緑に染まり、様々の花が咲き乱れる。この時期、花が豊かに蜜を出すいわゆる流蜜の時を迎えて、巣箱のミツバチたちは元気に採蜜に動く。

ミツバチの運んでくる花蜜や花粉がどのあたりのどんな花から採ってきたものか、日ごろ気になっていた。それで、庭や近くの植え込み、あるいはよく行く散歩道などに蜜源となる花がないか探す癖がついている。この時期では、ミツバチが実際に来て花から採餌しているのを見かけたのは、アザミ、ノバラ、クローバー（シロツメクサ）、イモカタバミ、そしてタンポポに似ているが背の高いブタナ（フランス語の「ブタのサラダ」の直訳とか？　これも侵入外来種）などである。

庭のクローバーの花畑の中に、熱心に採蜜中の数頭のニホンミツバチに出会った（上の写真）。花は、1本の花の柄（花梗）の上に数十個の白い小花が集まって毬状になっている。これに昆虫が来て受粉が起こると、小花は周辺部から順次下方に向きを変えて垂れ下がっていき、その部分は薄茶色にあせた装いに変わる。写真では、ミツバチの斜め下方に小花が半分近く垂れ下がって薄茶色になっているのが見える（ハチの右手の花などもそうなっている）。おかげでハチにとっても吸蜜すべき花が区別しやすくなっている。このような受粉による花の変化は他にも知られている。ニホンミツバチの分蜂群を捕獲するのに使われるキンリョウヘンも、受粉後に花の一部が赤色を帯び、誘引物質の分泌量も大幅に減ることが菅原道夫博士（神戸大学）により報告されている。

クローバーの花は潤沢に花蜜を分泌するのでミツバチにとっては良い蜜源であり、一方、ミツバチは受粉を手際よくやってくれるので、クローバーにとっても良い客である。まさに持ちつ持たれつの良い共生関係だ。このクローバーの群れは妻Ｙが巣箱に近い草むらにタネを播いてハチの手助けするつもりだったようだが、花が咲いてもなかなかやってこなくてヤキモキしていた。この度やっと来てもらえて妻Ｙも安心したようだ。

庭のクローバーの花に来たニホンミツバチ

今、どこにでも華やかに咲き出ているのはノバラだ。おや、ここにも居たのかと思うほど頻繁に目につく。その発する匂いも芳しい。隣家の庭にも丈の高いノバラの木の茂みがある。我が庭のニホンミツバチの群れもその中に飛び込んで一仕事をしては、意気揚々として自分の巣箱に戻っていく。

ノバラの花に来て採蜜中のニホンミツバチ。体の両側に花粉の団子が見える

見ていると、大から小までの様々の訪花昆虫がノバラの茂みに集って入り乱れている。わずか体長５mm ほどのアブがホバリングしながら花の品定めをし、ミツバチは時間を惜しむようにせかせかと飛びまわっては、次々に花蜜を集め花粉を大事そうに両脇に抱え込む(下の写真)。大型のハチであるマルハナバチやクマバチは、威圧するようなブンブン音でもって周りの小ぶりのハチたちを追い払っては独り占めを狙う。甲虫のハナムグリなどが花弁に取り付いているのもよく見かける。悪質と思えるのはコガネムシだ。葉や花弁をバリバリと噛(か)み切りすごい勢いで食い荒らす。もっと行儀よくできないものだろうか。

ミツバチと蚊と炭酸ガス

6 月11日

夏が近づくと毎年同じ悩みが生じる。庭のミツバチの巣箱を見回りに行く度に、待ちかまえた蚊の群れに刺されて逃げ返る有様だ。それで、庭に出る時には薄荷（ハッカ）油を身にスプレーすることになった。しかし蚊もなかなか狡猾な行動をとる。家に侵入した蚊が昼間は忍者のごとくどこかに潜み、私の寝入りばなに、意識もうろうとした時を襲うというのには閉口するし憎たらしい存在だ。

蚊もハイテク満載（?）といわれるほどいろんな機能をもつ。超音波を出して人の血管の位置を探索し、ついで口針から麻酔液を密かに注入して気づかれないうちにこっそり吸血する。蚊は人の汗の中の L- 乳酸などに反応し複雑な臭いをかぎ分ける。炭酸ガスにもいたって敏感。触角（アンテナ）の化学感覚器で炭酸ガスを感じ取り、人を探して吸血する。

また最近の研究では、ある種の蚊は危うく人から叩かれそうになった時、その人の固有の体臭を覚えることができ、次にはその人を避けるという実験報告（Current Biology 誌、2018 年）もある。ミツバチに比べて 5 分の 1 以下の小さな脳を持つのであるが、そのような学習もできるなかなかの曲者だ。

小型炭酸ガスサーバーから作った昆虫麻酔器

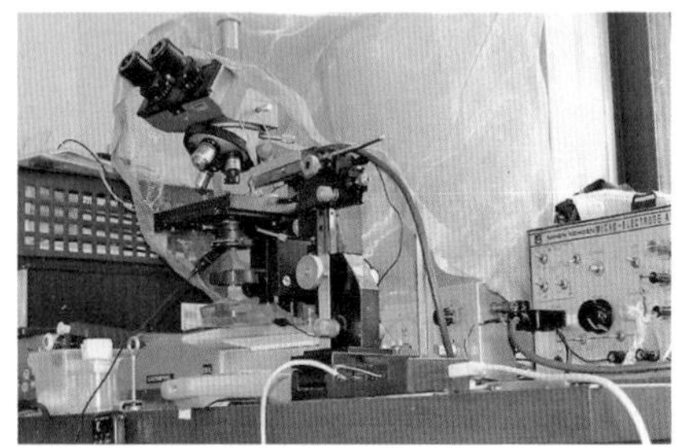
隠居部屋の触角電位測定セット

分類学上では蚊はハエ目でミツバチがハチ目に属し、比較的近い位置にある。生き方が違う両者だが、学習能力、高い感覚機能と運動機能などいくらか共通点もある。炭酸ガスを高感度で感じる能力はミツバチの触角にも

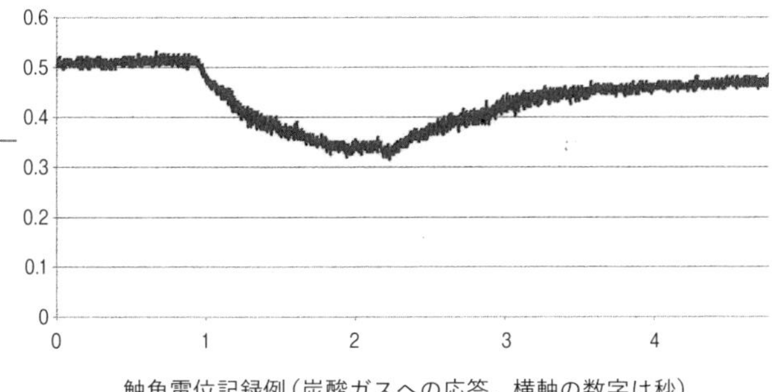

触角電位記録例（炭酸ガスへの応答。横軸の数字は秒）

あって、重要な働きをする。ミツバチの場合は、蚊の場合のような獲物探しのために用いるのではない。ミツバチの巣が木の洞（うろ）のような閉鎖空間に近い状態にある（巣箱も同じ）ので、呼吸するうえで炭酸ガス濃度をモニターするのは絶対必要だ。人もそうだがミツバチもある高い濃度を超えると気絶してしまう。だが、その恐れのありそうな時、ミツバチは大勢を動員し羽を振るって巣内の換気をする。

生物学実験などで昆虫を一時的に麻酔する際にも炭酸ガスはよく使われる。前ページ上の写真は私の手作りの麻酔器で、ビールを泡立てるのに使う小型のソーダサイホン（右手のサーバー）を利用したもの。捕虫網で捕らえたハチなどに網の上からカップ（左手にある）をかぶせ炭酸ガスをチューブから導き入れて手早く麻酔できる。

昆虫は本当に臭いや炭酸ガスをどの程度感知できるのだろうか。それを知ることのできる簡単な装置が私の隠居部屋にも１セットある（前ページ下の写真）。その測定器で得られたニホンミツバチでの炭酸ガス感受の記録図（触角電位図、EAGともいう）の一例を上の写真に示した。この場合は２mLの炭酸ガスをチューブを通じて触角に吹きかけて、そこの神経に生じる下向きの一過性の電圧変化（電気信号）を記録している。触角に向かってちょっと息を吹きかけただけでも、呼気中の炭酸ガスへの応答が出るほどの敏感さだ。

なお、このセットは比較的簡単なものだが、分蜂群キャッチによく使われる誘引剤やフェロモン類似物質などへの反応も測定できる。ミツバチの能力を探るというこうした楽しみ方もある。

ビワの実の豊作はミツバチのおかげ

6 月17日

今年は庭のサクランボが不作だったが、それを補うかのようにビワがたくさん実をつけてくれた。あちこちに実が数個ずつ寄り集まり柔らかな橙色が輝いて美しい。朝早くからヒヨドリなどの鳥が 10 羽ほど集団で実をついばみ、またカラスも狙いを定めるかのように飛びまわる。オオスズメバチも甘いのが気に入ってやって来るようだ。一昨年の降雪が厳しい時は積もった雪の重みで小枝が折れ花が枯れるなどで被害が出た。ビワは寒さに弱いので九州や四国などの温暖な地方で生産されている。このマキノの地あたりでビワの生産農家はなく、ビワを高級果実という人もいる。

4 月初めに、庭にただ一本あるビワに袋掛けをした。妻 Y は九州天草のミカン（ポンカン）農家の出だが、昔はビワ園もあったとかで、ビワの木の扱いには慣れている。袋掛けを言い出したのも彼女だ。私も脚立に上って危なっかしいながらも 100 ほど袋を付けた。まだ実が青く小指の先ほどの小さい時に摘果する。枝先に一塊にある 3 ないし 4 個ずつを一つの市販の紙袋に入れて、口を針金でもってねじってふさいでおくのだ。これで、ビワの実同士が風で擦れたり鳥につつかれる心配がない。ただし作業が面倒なことと袋をかけると実の色がすこし薄いのが欠点。写真にあるように紙袋が目立つオレンジ色なので、家の前を通る人たちには珍しいのか覗き込みながら通る人もいる。外国からの観光客も写真など取っていき、中には質問する人も。

実も色濃く熟れてくると良い香りを出し甘味も増す。わずかにある酸味がうまみを引き立てる。年一度の収穫はやはり楽しみだ。近所の人にもいくらかはお裾分けする。ジャムにすると風味が落ちるので作らないがシロップ漬けはいいとかで、妻 Y はたくさん作ってはガラス小ビンに分けて保存し悦に入る。

昨年、初冬にかかる 11 月頃に庭木のビワの白い花が満開になり、甘い香りがハチを誘っていたことを書いた（152 ページ）。そのミツバチたちのサービスが実を結ぶことになった。今は亡き働きバチたちの努力をしのんで、出来上がった果実の味をしみじみ楽しむことにした。

セイヨウミツバチの養蜂家はこの初冬の時期にはミツバチを休ませたいらしく、冬を迎えるためにはハチの過重労働を誘うビワの木を嫌うところもあるらしい。私の家の近くにはビワの木があまりない。むしろ蜜源としてはわずかに頼れるところなので、とても有難い存在だ。

庭のビワの木になった実。オレンジ色の紙袋はビワの実を包み込んで保護している

夏分蜂（なつぶんぽう）を首尾よく捕獲

7月5日

ミツバチの群れにも天気予報官がいるのでは？　と思うくらいのグッド・タイミングで、庭のニホンミツバチが分蜂（のれん分け）を決行した。というのは梅雨に入ってここ10日ほど天気が悪く雨の日が多かったから。あと2、3日は天気がもちそうなので、おそらく絶好の引っ越し日和だろう。この巣箱の個体数が順調に増えていたので、夏分蜂があるかもと思っていた。まさに今朝、8時半頃に時騒ぎみたいだが活発な動きがあったので、注意して見ていたら、分蜂が始まった。

勢いよく出てきたハチがまた巣内に戻り、再び活発になり巣門のあたりは塊が出来ては崩れまた出来てといった具合で、そこから天へ向かって飛び立っていく（下の写真）。それぞれがたてる羽音もうるさいくらいのにぎやかさ。

空中をさまよう無数の点々となった分蜂群引っ越し組は、すぐ傍の高い松の木には関心なく、今日はサクランボとイチジクの木の間を行ったり来たり。群れの一部は他所の敷地に向かうようなそぶりを見せ、固唾を飲んで行方を追って見ていた私と妻Yは落胆のため息を漏らした。だがその傾向は主流とはならず。大部分は庭の菜園の上を大きな渦を巻くようにしてさんざん動きまわっていたが、そのうち巣を飛び出てから20分も経たないうちに、停泊地が明らかになった。そのスリリングな時間をじっと待ったかいがあっ

巣門から湧き出るように出てくる分蜂群、そのまま空中へ

イチジクの木の枝に集合して出来たニホンミツバチの蜂球

て、私らが「もしや！」と期待していた庭のイチジクの木の太い枝のあたりに集結していった。ちょうどカメラのオートフォーカスが合っていくようにして、ついに鮮明な一塊のきれいな形で蜂球が姿を現した（右の写真）。

実は、昨日のうちに妻Ｙがイチジクの木の小枝と葉の密集していた部分を払い取り、下生えも刈り取って風通ししやすくしていた。その意図せぬ処置がハチにはアクセスしやすい場を作ったのだろうか。蜂球は目の高さで捕獲しやすいところにあった。まさに捕獲にはおあつらえ向きの位置だ。いよいよ私の出番。大きめのポリ袋を広げその縁で一気に塊を内側に落とし込んで、そのまま近くに置いた空の巣箱に中のものを落とし込んでフタをした。

袋の中に残ってしまったものたちも、巣箱の傍に袋を広げておくと、次々に這い出ては、巣門から中に引き寄せられるようにして入っていった。もし女王バチを捕まえそこなっていたら、箱の中の連中も逃げ出していくので、確保したかどうか心配したが、どうやらうまく巣箱に収まったらしい。まだ元のイチジクの枝にこぶし２個分くらいが居残っていたが、しばらくしてほぐれて、その巣箱に入って行った。本日の捕り物は大成功！　この後、巣箱を放置しておいたが、ハチの群れは落ち着いて静かになった。

梅雨時に出会った「晴れない」ニュース

7月10日

遅い梅雨入りになって2週間以上になる。庭の草木が茂り、アジサイの花が空間に出しゃばってきて、ミツバチの飛行ルートが脅かされる（写真）。たいていのミツバチは、空の高いところからダイビングするかのようにして巣に戻っている。ミツバチは額アジサイの花に採餌に来るということを聞くこともあったが、ここではまったくその気配はない。それでもどこからか花粉を調達して帰ってくる。

雨が降り続くと箱の中の湿度も高くなり不快指数（ハチにもあるとして？）も上がっているのではと心配になる。空に晴れ間が現れると寸刻を惜しむかのように働きバチが出入りし、また雨が多少降っていても勇敢な働きバチは飛び出していく。だが、さすがにまとまった雨が続く限りは、大勢での籠城を強いられている。以前のことだが、飼っていたニホンミツバチが長雨の後で逃去（コロニーが丸ごと逃げること）したことがあった。それで梅雨はいつも気になる季節である。何日も続く雨模様で私自身も外に出るのが億劫になるこのごろだ。それでネットをブラウズしていてさらに気持ちの晴れないニュースに出会ってしまった。それは「abt助成先情報」に出ていた記事。abt（アクト・ビヨンド・トラスト）は環境問題に取り組む個人や団体に助成を行っていて、「ミツバチまもり隊」の小織隊長も2015年度の「広報・社会訴求部門」で助成を受けている。私が見た記事とは、ミツバチ減少の主因に挙げられている農薬ネオニコの人体影響についての最近の研究成果を紹介したものだ。

その研究グループが化学分析を行った報告によると、もはや国内でも食品を通して広範に人の体がネオニコに汚染されているらしい。母体や幼児（新生児を含む）の尿からネオニコ（あるいはその代謝物）が検出された。興味深いのは、ボランティアを募りネオニコチノイドを使用していない有機食材を5日間および30日間摂取してもらった調査。結果は、日数の経過に応じて体内のネオニコチノイド低減が顕著だったという。

しゃしゃり出たアジサイの花々がミツバチの飛行路を邪魔する

研究の結果、日本人は胎児期からネオニコの曝露（ばくろ）を受けている可能性が高くなった。さらにマウスを用いた実験では、母マウスと胎児を結ぶ血液循環のバリアー（胎盤関門）がネオニコ代謝物の突破を許し母子間の移行が起きているという。国際誌「PLOS ONE」の最新号（2019年7月号）にも上記の研究者グループによる研究論文が載っている。

以前、2013年に欧州食品安全機関（EFSA）が2種のネオニコ摂取による子供の脳神経発達障害の可能性を警告した。さらに1日摂取許容量の見直しを勧告し、発達神経毒性の研究への緊急の取り組みを呼び掛けていた。ネオニコが人体内の神経のn－アセチルコリン受容体を阻害することはこの農薬の開発当初から分かっていた。他方、この受容体を持つ神経が胚ないし胎児の頃の神経ネットワーク形成の役割を担うことは80年代頃から明らかになってきていた。今やネオニコが発達障害などで未来を担う子供たちに影響する可能性が現実味を帯びてきた。恐ろしいことではないだろうか。

以前からミツバチが身をもってネオニコの害を教えてくれていたのだろうが、人間の社会はそれをあまりまじめには受け止めてはこなかった。今回のように科学的証拠が出ても、為政者や関連する大企業、マスコミの大部分が無視または肝心な部分をぼかすということが続くのだろうか。

アリの侵入を防ぐ水城

7月17日

アリの勤勉さは驚くほど。台所はもちろん、家の奥の書斎の机にまで探検者のアリ1匹がうろついていたりする。巣までどうやって帰れるのかと、お節介ながらも心配になるほど。昨年の台風の日に、ミツバチの巣箱を補強すべくつっかえ棒をしておいたら、そこを伝わってアリ数十匹が列を作って巣箱への侵入を試みていたこともあった。この場合はアリたちが大雨から避難しようとしたのかもしれないが。

先日、ニホンミツバチ巣箱の入口付近のテラスに、アリの道がいつの間にか開通し物流が盛んになろうとしているのを発見。これはいけないと、台座を新しいものに交換した。古い方には虫の死骸やなにかの卵があり、アリはそこに来ていた。過去にも、アリの侵入が激しくなってミツバチが逃去したことがあった。すぐにアリ退治を考えたが、市販の薬はネオニコなど殺虫剤が含まれているのが多いので私は使うのを避けることにしている。

城郭の堀割のように巣箱の周りに溝を作ればアリは泳いで渡れない(もっとも、アリの仲間には、切羽詰まれば達者に泳ぐアリがいる)。かつて写真で水盤の上に巣箱を置いたのを見たことがあるが、水面が広いと湿気が強くなるのが気になる。そこで、プランター二つを買ってきて巣箱の下に並べ、水をはることにした(写真)。また、ボウフラが湧かないようにサラダ油を滴下した。巣箱近くの草木が箱に触っている部分からもアリが渡ってくることがあるので、事前に刈り取っておいた。

アリも集団行動がすごい昆虫だ。昔、兵庫県の山奥で体験したことがあった。それは学童保育の行事で夏のキャンプに付き添って参加した時のこと。雨の上がった夜になって30名ほどで夕食のごちそうを広げていた時、明かりを目当てに来たのか突然に現れた無数の羽アリの大集団で宴は大混乱。降りてきたアリで食べ物は覆われ、たちまち黒々となってしまった。でも、これはアリの結婚飛行ということは大人たちには分かったので、すぐに落ち着きを取り戻した。参加していた子供たちには自然の営みを知る良い経験だったようだ。

　ある本によると、アリの結婚飛行は壮大なものがあるらしく、アフリカではクリケットの国際大会が中断に追い込まれた例もあるとか。アリは地域に共存する種（しゅ）が多い。日没から夜明けまでの時間を分けて、在来の8種それぞれの婚活時間に割り当てがあり（シェアして）混乱を避けているという観察例が報告されている。割り当てられた時間が来る前に巣を出ようとする焦った若バチを押しとどめる門番の面白い写真もあった。他種との交尾を避けるこの社会的な行動は、エネルギーを浪費し子孫が出来ないという生物学的無駄を避けるためのもので、「生殖隔離」と説明されていた。

　アリは小さな体ながらも集団行動と群知能はすごい。分類上同じハチ目（膜翅目（まくしもく））のミツバチにも劣らないかも。このように手ごわい一族のアリの襲撃も、今度の水城のおかげでくい止めることができた。

水盤の上に置いた巣箱でアリの侵入を防ぐ

ネオニコ散布の季節

8月5日

8月5日朝6時過ぎ、やや甲高い機械音を振りまきながらラジコン・ヘリが高濃度の殺虫剤を納めたタンクを抱えてすぐ近くの水田に回ってきた（写真）。茨城県で有人ヘリが農薬散布の途中で落ちたのは先月末だったか。当市でも10年ほど前にラジコン・ヘリが散布用農薬を積んだまま墜落したことがあったので、気が許せない。その時の墜落機が持っていた危険な農薬は回収と後始末で大変だったと聞いている。

私がニホンミツバチを飼っている庭に接する水田については、今年も空中散布対象からはずされたのは有難い。だが、ヘリでの農薬散布は広範囲に及びドリフト（空中浮遊の霧状物質）の影響も無視できない。ニホンミツバチの行動範囲は広いので、被曝リスクが心配。ヘリは人家の近くでもお構いなしに噴霧している。傍の県道に犬を連れた老人が歩いてきたが、オレンジ色の制服の人に止められて引き返していった。

「当日は風向きに注意しますが洗濯物や車両などにかからないようにご注意願います。養蜂をされている方につきましては、散布日程をご確認いただくとともに、巣箱等の管理に注意していただきますようお願いします」と配布ビラにあった。ということはやはり高濃度のネオニコ・ミストが飛んでくるのだ。こんなに気軽に書いているところを見ると、たぶん、やっている人たち自身もこのネオニコの人体毒性には知らされていないのだろう。近ごろでは子供（特に胎児や新生児）の発達毒性の危険性が研究者によって公表されてきているのだが。

ニホンミツバチは農薬、特にネオニコ系に対し、感受性が高く、薄い濃度でも害を受けるという。今朝散布されたのは、そのネオニコ系農薬のうちでも比較的安全と言われていたジノテフラン（商品名はスタークル）だが、それに対してニホンミツバチは最も弱いという。散布過程で生じたドリフトはしばらく空間に滞留する。特にこの日のように無風に近い状態のことを考えると不安になる。

この朝はミツバチが心配で5時に起きた。熱帯夜の夜明けであったが気温は27°C近くまで下がっていた。ハチたちは巣箱の内に戻っていると思ったが、実際に見に行くと、まだ少数だが箱の外側に止まっている。それを巣箱内に追い込んで巣門を樹脂の網でふさいだ。ハチは通れないが空気の出入りはできる。早朝の採餌から帰ってきたものもいたが見切り発車。締め出された30頭ほどの働きバチはしばらく騒いでいたがそのうち静かになった。さらに麻袋を巣箱にかぶせて、ドリフトが来た場合に備えた。菜園のトマトは採れる分だけ取り込んだ。

近くの水田への空中散布が終わったのが7時少し前。だがいつもに比べて短時間で済んだようだ。しばらくは風向きなどをみながら巣箱封鎖の解除のタイミングを待った。8時過ぎになり思い切って巣門を開いた。今日に限って旅行に出る予定が前から決まっていて、ハチたちのその後を見守ることができず、後ろ髪を引かれつつ家を出た。

農薬のタンクを両脇に抱えて飛んできたラジコン・ヘリ

台風が去って

8 月19日

その暴風域は日本列島を覆うほどといわれた大型の台風 10 号が来たのは 8 月 15 日で、全国的に被害が心配されていた。JR 湖西線は始発から計画運休に入っていた。だが、この台風は各地で盆帰省客の大勢の足を奪いはしたが、被害は昨年に比べれば軽微だった。私のいる地域にも目立つ被害はなく、庭のニホンミツバチの巣箱も、今回は屋根にブロックを積むだけですんだ。

だが、風の強まる頃になって松の木の下に置いた巣箱の住民(住蜂)が予想しなかった行動に出た。それは台風 10 号が広島県に上陸し当地にも影響が及びはじめた午後 3 時頃のことだった。巣門にあふれて出た一群があたりを飛び回りだした。普通の「時騒ぎ」にしては不穏で異様な激しい動き。飛行範囲も広くなりいつもより遠くまで飛んで行っては戻ってくる。軒下を探るように動くハチもいれば隣家の敷地の庭木の間に侵入するものもいる。まさかこの悪天候の最中に分蜂(巣分かれ)か逃去でもあるまいにと、驚いてしばらく見守ることに。

台風の接近で気圧計は 980hPa(ヘクトパスカル)とかなり低いが気温は 29℃で蒸し暑い。風速は秒速 10m を超すように感じられる。台風からの風としてはまだ序の口程度。これらの気象条件がミツバチを動揺させたのだろうか。昨年は、強烈な台風の直撃があった際に一箱のコロニーに逃げられ、もう一箱のほうも逃げそうで水を噴霧して引き留めたことがあった。でも今回は、他の巣箱の連中は静かにしていた。コロニーによってはいろいろ個性があるのかも。

そのうち強風に強い雨が混じりだした。こんな状況では女王バチも出にくいだろうと思ううち、心配した分蜂も逃去も結局は起こらず、その一群はどうにか落ち着きを取り戻した。翌朝、台風は日本海に遠く去り、天気が回復した。まだ気温が高いのか巣箱では、テラスに整列して巣内に翅(はね)で風を送ったり外壁で涼んだりする働きバチが見られた。昨日のあの興奮した様子が嘘のようだ。

ところが、一難去ってまた一難と言うほどではないが、今度はミツバチの強力な天敵が巣箱付近に襲来。一つは獰猛なハンターとして知られるシオヤアブ。その狩りが盛んになった。目の前でミツバチが次々捕らえられては餌として体液を吸い取られる。写真はミツバチの１頭が捕らえられた犯行現場。尾の先端部が白いのはシオヤアブの雄で、この白さから塩の名が付いたとか。このアブに人が刺されたという話も聞く。実際、狩りに来るシオヤアブたちは攻撃的で、時に私に向かって襲い掛かってくることもある。だが刺されたことはない。もちろん私も巣箱を守るために捕虫網を振り下ろすが、敵さんも動体視力が優れていて敏捷なので捕獲率は低い。

巣箱の近くにはミツバチのもう一つの強敵であるオオスズメバチも飛来したが、これはまだミツバチには関心がなく、もっぱら松の幹の木の硬い皮を噛み砕いては持ち去っていった。自分のところの巣の拡張や補修（ひょっとして台風の被害？）の工事が大忙しなのか。ちなみにこの強力なオオスズメバチですら、油断すれば先ほどのシオヤアブにやられてしまう。

集団行動の得意なミツバチはこれらの天敵に一方的にやられてばかりではない。敵を巣箱の入口のテラスに誘い込んでお得意の「ふとん蒸し」作戦を敢行すれば、さすがのアブもスズメバチも熱死に至ることになりかねない。

ミツバチを捕らえたシオヤアブ

木の洞（うろ）にミツバチの巣

9月7日

秋雨前線の活発化で日本列島各地に集中豪雨による浸水被害が頻発。当地マキノも激しい雨に見舞われ1時間当たり22mmの雨量が予報に出ていた。その雨上がりの午後、町内の神社に至る道の脇にある一本の木を見に出かけた。目当ての桜の老木の根元近くにくぼみができている（次ページ左の写真）。はじめは気づかなかったが、そこからの無数の視線を感じハッとして目を凝らした。すると、そのくぼみの中に大勢のマイクロ・エンジェルたち（ミツバチのこと）が小さなつぶらな瞳でこちらの様子をうかがうかのようにしている（次ページ右の写真）。

大人の掌（てのひら）より少し広いくらいの幅の洞（うろ）の入口は、奥に行くほど狭くなっているが、隙間を埋める働きバチたちでよく内側が見えない。だが恐らくもっと奥には広い空間があってミツバチの巣板が何枚か収められているのだろう。朝のうち、体を張って豪雨から巣を守ったのだろうか、表にいる働きバチたちの体はまだ濡れていて黒と黄の縞々（しましま）模様が目立つ。穴の縁にちょっと着いている琥珀（こはく）色の液滴は垂れてきた蜂蜜と見えたのだが、そっと触ってみると樹脂の硬い塊だった。

私はこれまで立木の洞にできたニホンミツバチの自然巣を見たことがなかった。日ごろ木製巣箱に居ついたミツバチの群れや分蜂の時にできる蜂球を見慣れてきたので、本来の木の住処（すみか）に巣を営むミツバチの様子を見るのは新鮮な気持ち。

実は、この住処は、近くの保育園に通う虫好きの坊やちゃんが発見したもの。私はその児の親御さんからこの木のことを教えてもらってここに来たのだった。この坊やちゃんには数日前、ミツバチを見たことがないというので、庭に呼んでじっくりと巣箱のミツバチたちを見てもらったばかりだった。それで関心を持ってもらえたのかも。このような目立たぬ巣を見出すその子の観察力にも感心した。

最近のニュースで、岡山市の中心地で、プラタナスの木の洞にニホンミツバチが住み着いているのが見つかり、人が刺されないように木の柵で囲んで保護したという。おとなしい種（しゅ）でしかも数が減ってきている希少なミツバチということで、来春の移設までそこに置かれることになったという。

今の世の中、ハチといえばやたら刺すものという固定観念が作られ、ミツバチ、特におとなしいニホンミツバチはとばっちりを受けて危険昆虫として駆除される危険性がある。道端の自然巣も近くの人に誤解され殺虫剤をかけられればお終い。一方、やや目立つところにあるのでスズメバチなどの天敵も来やすい。この群れの今後が思いやられる。

４日経ってからまた見にいったら、まだ同じところに巣があった。門番役の働きバチたちもこの前に見た時よりは奥に引っ込んでいるので、あまり目立たない。今のところは静観しておくことにした。

桜の老木の洞に出来たニホンミツバチの自然巣

洞の入口を守るニホンミツバチの働きバチたち

ミツバチはどうやって巣に戻れるのか？

9 月21日

庭のニホンミツバチの巣箱を見学に来た人たちが一様に感心するのが、遠くから巣に戻る能力。空の高い所から降りてきて迷うことなく巣箱を目指し、巣門から中に戻っていく。このようにミツバチが帰巣できるのも記憶と学習のおかげだ。自分のいる巣箱の独特の臭い、その箱の近くの目立つ松の木、その傍の畑などが記憶にあり、それぞれの臭いに色や形や位置が互いに関連づけられていれば、巣に戻ることはそれほど難しくはないだろう。

私も以前から関心を持っていたこの関連づけ（学習）のことを、少し専門的な感じがするかもしれないが以下に書いてみる。学習と言うと難しく考えがちだが、誰でも簡単な実験で確かめることができる。ミツバチは触角か肢（あし）に毛状の味覚器をもつ。そこに甘味を生じる砂糖水をスプーンなどで接触させてみると、ハチは口先を伸ばして飲み取ろうとする吻伸展（ふんしんてん）を起こす（写真では肢に砂糖水を与えている。私がかつて受けた学生実験を再現）。この行動は高カロリーの糖を摂取するための持って生まれた行動（反射行動）で、学習ではない。

ところが、綿棒に薄めたレモン汁をしみ込ませて触角に近づけてから、すぐに肢に砂糖水を浸すことを数回繰り返してみる。すると、以前には臭いによる刺激だけでは吻伸展を起こさなかったミツバチが、レモンの臭いが来ることだけで、砂糖水の甘味がなくても吻伸展を起こすようになる。これはもともと互いには無関係な二つの刺激（レモン臭と砂糖の甘味）が脳で結びつけられることで行動が変わるいわゆる条件反射によるものだ。この変化はある程度維持され記憶として残る。様々の臭いや色、形もこうして区別され記憶される。

条件反射（古典的学習ともいう）を発見したパブロフ博士（ロシア）の、犬に肉粉とベルの音を組み合わせて唾液の変化を見た実験はあまりにも有名だが、桑原万寿太郎（まずたろう）博士（故人）が開発した上に挙げたようなミツバチでの実験は、それとほぼ同じことが昆虫（下等な ?!）でもできることを示した画期的なことだった。

このような実験がまだ手探りの段階の時、桑原博士はあることに気が付いたという。繰り返しての実験の途中、スプーンの砂糖水を肢に近づけただけ（触れてはいない）で吻伸展が起こることがあった。このことから、水の蒸気にも反応して反射が起きているのではと疑った。じつに鋭い観察力だ。念のため砂糖水や蒸留水の入っていない乾いたスプーンを近づけた時（対照実験）では、反射は起こらなかった。ちなみに、水蒸気に感じる感覚器もあることが後になって証明されている。この類の味覚実験をする時は、事前に水を十分に与えることが必須条件となった。

この夏に、昔に発表された桑原博士の論文（1957 年）を見る機会があり、この実験が具体的に書かれた部分を読んでいて、当時の研究の展開というか「ひらめき」を追体験する面白味を感じた。「今頃になんだ！」と天上（？）の桑原先生は苦笑しているかもしれない（私は修士課程の頃まで指導を受けたが、その後は別の途(みち)に進んだ）。

この吻伸展反射法（PER 法）は今でも昆虫行動の研究に用いられている。ミツバチ脳では農薬ネオニコチノイドによる神経障害が証明されたが、このPER 法がミツバチの神経機能の障害の程度を調べる方法の一つとしても採用されている。

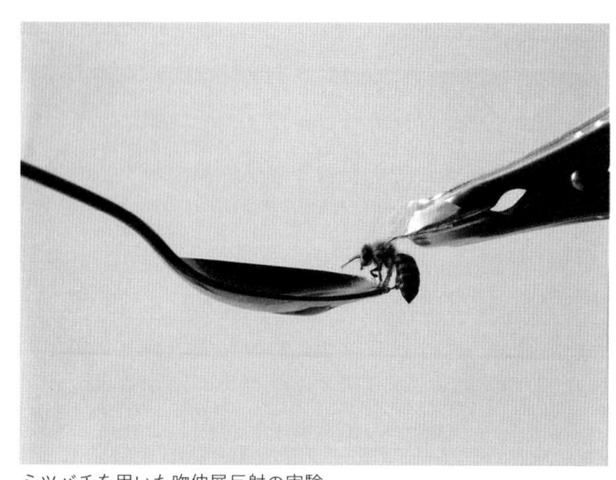

ミツバチを用いた吻伸展反射の実験

オオスズメバチの攻撃に耐えて

9 月28日

朝見たら、庭のニホンミツバチの巣箱に数頭ほどのオオスズメバチがたかっている。親指ほどの大きさでいかつい格好のアマゾネスらはこれまでに十分に下見した模様で自信満々、「意思統一」のもとで攻撃作戦に臨んでいるように見える。他の巣箱には目もくれず、一つを集中して攻撃。ミツバチは巣箱の中に逃げこみ、あるいは仲間を動員して動き回り目くらましに出るなどで対抗していた。攻撃がいったん止んだ時は、敵が仲間を誘導するために着けていったマーキングの箇所をかじったり、自分らの糞を撒きちらし敵の匂いを隠したりしている。

さすがにミツバチ保護者としては、この事態を見過ごしならず。まずは、新兵器のスズメバチ忌避スプレーを試しに使ってみた。クヌギの木にはスズメバチを誘って吸われる樹液が知られていたが、逆にクヌギの樹液でもハチを追い払う類のものが発見された。これをもとに高知大学の金（キム）教授らによって開発されたものが KINP 社から発売されている。害虫を捕らえるスズメバチは益虫でもあるので、これを殺虫剤みたいに殺さないで攻撃性を奪い追い払う点がエコ的で素晴らしい。

試しに買い求めておいたこのスプレーをスズメバチに向け噴射すると、確かに慌てふためいて逃げ去る。だが、この時期、またしばらくして 2 波 3 波と来襲。追い払うにはよいがすぐ揮発（きはつ）し拡散してしまうので残留効果という点が弱い。スプレーの中身は噴射剤のジメチルエーテル70％と忌避剤のフェニルメタノール30％からなる。忌避するかどうかは別として、追い払うだけならば溶剤のエーテルだけの噴射でも十分かも。「スズメバチサラバ」という魅力的ネーミングだが、すぐに「こんにちは！」されるのは養蜂家からすると心もとない。今、新たに巣門に置いて長持ちするタイプが開発されているとか。期待したいところだ。ただ、近くの草花にかかるとすぐに枯れたこともあり使い方に注意する必要がある。

様子を見ていてまどろっこしいと思ったのか、妻Ｙは散水用のホースを引き出して放水で狙い撃ち。さすがの獰猛なスズメバチもほとんどが追い払われ、地に落ちたものは容赦なく踏み潰された。

次に私が取り出したのは、少し前にハチ友の井上さんからもらった５mm角の金網。いよいよの出番となった。「あと２週間くらいの辛抱だから」とつぶやきながら巣門に押しピンで貼り付けた。ミツバチたちはしばらくのあいだ戸惑うが、やがて慣れてくると金網の隙間をうまく潜り抜けるようになった（写真）。さすがに体の大きなオオスズメバチは侵入できず、巣門の木部に直に嚙（か）みつくこともできないのであきらめるようだ。だが、巣箱のミツバチも、あたりをいつまでも物欲しげなオオスズメバチにうろつかれると、ストレスを感じるかもしれない。

襲撃が続きしつこいので、やむなくネズミ用の粘着トラップを巣箱の屋根にセット。おとりを１頭のせておく。昨年のこの時期に初めて粘着板を置いてみてその威力に驚いた。捕獲されたスズメバチは100頭を超えた。しかし、粘着板で逃げられずのたうち回る姿を見ると気の毒にも思えた。それで、この悪魔の兵器（スズメバチからみると）を使いたくなかったのだが、今回も決断。計30頭ほどキャッチした。だが、もがくさまをみていると、やはり気持ちのいいものではない。

巣門に金網を貼り付けてオオスズメバチの侵入を防ぐ

蜜ロウを採る

10月１日

蜜ロウは昔からロウソクの材料として使われてきた。最近では、肌に優しい自然なクリームとして需要がある。オーガニックコットンを熱した蜜ロウに浸して作る食品ラップは、水洗で繰り返し使え環境にも優しいので手作りの人気が出ている。私のところでは、分蜂群をキャッチするための空の巣箱を用意する時、内側に蜜ロウを塗り付けることが欠かせない。

以前の蜜搾りで残った巣板のかけらなど巣くずを冷蔵庫に保存しておいた。その巣くずから、蜜ロウを取り出そうと、なにかとお世話になっているハチ友の井上さんが様々の自作の道具を持ち込んでくれた（次ページ上の写真）。蜜ロウを溶かすため、電気鍋とホットプレートが今日の主役。

巣くずを加熱するに従い蜂蜜のような匂いがあたりに立ち込めてくる。それに惹かれたのか、裏庭のミツバチが舞い込み邪魔をするので追い払わなくてはならない。さらに強面（こわもて）のオオスズメバチまでも飛来する有様。私は捕虫網を振り回して次々にやってくる連中の防戦に必死。この間、井上さんは悠々と抽出作業を進めてくれた。以前は金ザルを使っていたがロウがこびりついて掃除が難しい欠点があったので、今回は改良して布袋に巣板のかけらを入れて熱しながら液をこし取る方式。

約１時間で溶出は終了。あとはペットボトル（１L）の底部を切り捨てて逆さに置いた中に濾過（ろか）液を移し入れて放置。そのままで２層に分離するのを待つ。比重の大きい下層に蜂蜜を含んだ水層がくるので、下端のキャップを開いてその部分だけ流して取り出す。濃い蜂蜜水なので巣箱の群れの給餌用に冷所保存する。上層にはお目当ての蜜ロウが占める。固まったらペットボトルから取り出すと次ページ下の写真のような160gの固形蜜ロウが得られた。精製度を上げたい時は、さらに熱で溶かして、上と同様の２層分離の操作を繰り返すとのことだ。

働きバチたちが家族集団のために自らの体内から分泌したロウで、最終的にはハニカム構造の巣板が作られる。そしてそのハチの勤勉努力の結晶ともいうべきものが、今や目の前に形を変え固形蜜ロウとなった。独特の蜂蜜のような香りも漂ってくる。この貴重品をどう使うのか。まず頭に浮かぶのは、来春の分蜂の時期のこと。ハチを引き寄せるトラップ用の巣箱の内側にコテでもって十分に塗り付けることはお定まりのコースだろう。その他に、ほのかで暖かなキャンドルを作って家族の誕生日に贈るのもいいかもしれない。

蜜ロウを取り出すヒーター付き装置（井上式）

回収した蜜ロウ

読んでくださってありがとう！

To ***bee*** or not to ***bee***,
that is a question!

小織（さおり）隊長に勧められて「ミツバチまもり隊」のメーリングリストに初投稿したのが2016年 1 月のこと。途中休みを入れながらも100回まで続くとは、今でも信じられない気持ちだ。時どきいただいた読者からの励ましのおかげかもしれない。だが日記を止める時がきた。前年と同じことを書いているようだし、表現力の衰えは避けられぬ老齢化によるものか。

振り返って、日記でよく扱ったテーマの主なものをあげると、①分蜂（ぶんぽう）（巣別れ）、②蜂蜜搾り、③スズメバチとアカリンダニ、④記憶とダンス言葉、⑤農薬ネオニコチノイド、といったところだったか。

これまで、文中で農薬（殺虫剤）のネオニコチノイドのことがしつこいと思われた方もいたかも。私がこだわる理由はあった。45年の間、主に昆虫を材料にして神経細胞のメカニズムの研究を仕事としてきた。その経験から神経毒の怖さを見過ごせなかった。地域でミツバチが減ってきているという実感もあった。イラストは、その衰退を導いたものは私たち人間ではないかという気持ちを込め、「このままでいいのか？　いけないのか？」と悩む蜂ハムレット嬢を描いたもの。昔から、ミツバチは環境の指標ともいわれてきた。

しかし、一つの新しいエピソードを紹介しよう。少し前に、ある坊やちゃんが桜の木の洞（うろ）にミツバチの自然巣を発見したことを206ページに書いた。その際に危惧していたことが後に起こった。近所の大人の方が、通学の子供

たちへの害を案じて、洞へ殺虫剤をスプレーし駆除したと伝え聞いた。ミツバチはむやみに刺す害虫だとの誤解が、残念ながら広く定着している。だが、その後に予想しなかった展開が……。駆除を嘆き生き残りを気遣っていたお母さん（例の坊やの）からメールをいただいたので、内容をかいつまんで紹介をしよう。

> 記事（ミツバチ日記97）を殺虫剤を撒かれた方に届けて読んでもらったら、今後は撒かない意向とのこと。一緒に撒いていた警察官の方なども今は心配して残り少なくなったコロニーを覗きにきたり、近くで道路工事に当たっていた方も他の大型のハチから巣を守ってくださったりなど、ご近所の皆さんのミツバチに対しての意識が良い方向に向いてもらえた。残り少なくなったコロニーだがとりあえずまだがんばっています……

とのこと。これを読んで、久しぶりに熱いものを胸に感じた。世の中、まだ捨てたものではない。

さて、連載ものを辛抱強く読んでいただいた「ミツバチまもり隊」などの読者に、またウィズ・ビー・ライフを陰で支えていただいた井上幸雄さんにも感謝したい。

この日記は掲載時に毎回二人からのチェックを受けてからでないと出せないようにしている。いわゆる査読者が私の思い込みや暴走を引き留めてくれた。その一人は、読書好きの妻Ｙこと洋子。彼女により「難しい」ということで没になった原稿は少なくないが、時には彼女自身の行動が思わぬネタを提供してくれた。洋子には最後の単行本化にも助けてもらった。隊長小織健央さんは、環境という広い視点から私が見落としたポイントを指摘してくれたし、毎回の原稿をホームページとフェイスブック上に転載してもらえた。この二人に、改めて感謝をしたい。

2020年 4 月

尼川タイサク

■著者プロフィール

尼川タイサク（本名：尼川大作）

1943年生まれ。1972年、九州大学大学院理学研究科博士課程（生物学専攻）単位取得満期退学。理学博士（九州大学）。動物行動生理学、神経生物学（ニューロバイオロジー）専攻。神戸大学大学院名誉教授。2010年、神戸市から滋賀県高島市マキノ町に移住、ニホンミツバチを飼い始める。2015年、環境団体「ミツバチまもり隊」の活動に参加。著書に『マキノの庭のミツバチの国』（西日本出版社、2013年）。

びわ湖の畔（ほとり）のニホンミツバチ

マキノの里でともに暮らす日々

2020年8月3日　第1刷発行

著　者　　尼川 タイサク

発行者　　岩根 順子

発行所　　サンライズ出版

〒522-0004 滋賀県彦根市鳥居本町655-1

TEL.0749-22-0627　FAX.0749-23-7720

印刷・製本　シナノパブリッシングプレス

ISBN978-4-88325-696-9